斉藤謠子の質感日常

自然風手作服&實用布包

斉藤謠子の質感日常

自然風手作服&
實用布包

斉藤謠子の質感日常

自然風手作服&實用布包

前 言

這次介紹的手作服與手作包，

都是我為自己縫製的。

我喜歡「可以很快穿上且不會顯露身體曲線的衣服」，

只要作出一件中意的款式，

就會把它當成基準，

試著加上領子、變換袖子的接縫位置，

或相同款式以不同布料再作一件，

這樣反覆修正完成的衣服，穿起來真的非常舒適，

且方便活動，讓人想每天都穿著它。

包的製作也是如此，用心挑選素材，

構思樣式，以求好用又好看的設計。

若其中作品能讓讀者覺得舒適實用，

便是我最大的榮幸。

斉藤謠子

Contents

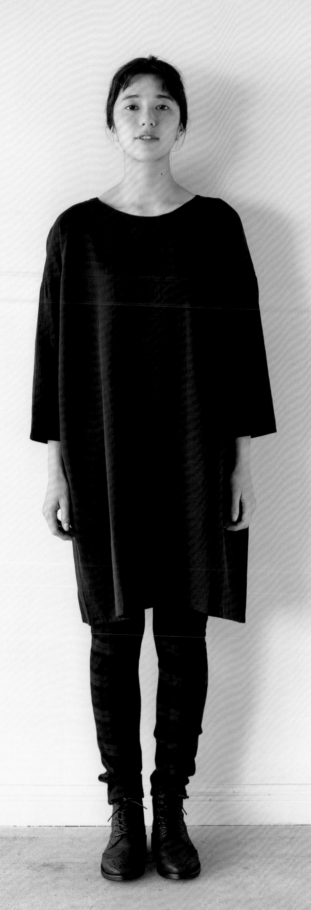

圓領長版上衣

a

以觸感良好的二重紗製作的套頭長版上衣。雖然是長袖,但為了方便工作只取八分長。疊穿讓露出袖外的內搭成為重點裝飾也很好看,是舒服又實穿的款式。

▶ 作法 P.49

b
相同設計的半袖款，可以完全遮
住上手臂。

▶ 作法 P. 49

c
樣式與a相同，將布料換成有張力
的棉麻材質。因為下襬展開，給
人的感覺也不一樣了！

▶ 作法 P. 49

褶襉長版上衣
刺繡圍巾

使用P.4長版上衣a的紙型,只是在
前片中間加上褶襉,並於兩脇邊開
衩。Cotton Lawn的穿透感,散
發清涼。圍巾是利用長版上衣剩餘
的零碼布所製作的。

▶ 作法 P. *53*

圍巾上的圓狀刺繡圖案，是平時繪製累積
的，一共有20種。因為是薄的淺色布料，
只取1股白線刺繡，淡雅呈現。以1股線，
線不易散裂或纏住，比預期的更好繡。

▶作法 P.53

拉克蘭袖
連身洋裝

a

A字連身洋裝,袖子是手臂好活動
的拉克蘭袖。特別推薦給像我一樣
斜肩的你。拉克蘭袖沒有袖山及袖
襱的彎弧線,要比接縫一般袖子簡
單。脇邊口袋方便好用。

▶ 作法 P.60

b
與a同款式，但領口不用貼邊而改
以剪接布收邊，增添變化。

▶作法 P. 60

後面加上開口，更好穿脫。

氣球形連身洋裝

排開手邊的衣服，思考自己想穿的
衣服樣式，於是作了這件連身洋
裝。讓前側兩腋之間舒適寬鬆，袖
子接縫位置往上提，整體顯得簡潔
俐落。是一件袖子稍短，輕盈的連
身洋裝。

▶ 作法 P. 63

在構思出氣球造型時，腦中閃現就以
這塊布作吧！也許設計有點奇特，卻
是展現優雅，也可以組合褲子展現休
閒感的穿搭品項。

Ｖ領長版上衣

a

前片中間有個看似和服前襟交叉的
Ｖ字褶襇。Ｖ領會讓臉看起來比較
小。蓬鬆感的Ａ字剪裁，兩腋間的
胸寬因為有褶襇鬆份，讓身體可以
輕鬆活動。

▶作法 P. 66

沿著 V 字領口低調裝飾花草刺繡。

b

為P.12長版上衣的長袖款。換成有厚度的布料，藉由一定的懸垂感，打造出女人味的垂墜線條。長度夠長，也可以單穿。深綠色也適合正式的氛圍。

▶作法 P. 66

Column

斉藤謠子流の舒適穿搭

長版上衣與連身洋裝
經常這樣搭配。

A 拉克蘭袖連身洋裝（P.8）＋
胸針（P.46）＋白色長褲

較長的連身洋裝搭配露出腳踝的白色長褲，簡潔舒
適。胸章是以P.41黑色包包的零碼布製作的。

B V領長版上衣（P.14）＋
黑色寬褲

深綠色長版上衣與黑色寬褲的組合，散發優雅氣質，
與大一點的飾品較搭。

C 氣球形連身洋裝（P.10）＋
同色系窄管褲

氣球形連身洋裝與8分長窄管褲穿出休閒感。為了不
破壞漸層，選擇同色系的深色褲子。

A

B

C

長版開襟外套

a

開襟外套往身上一披，便決定了穿
搭風格的便利單品。長度比我常穿
的長版上衣再長一點，為棉麻材
質，秋冬用的可換成羊毛素材。口
袋不加裡布或貼襯，作法簡單。

▶ 作法 P.68

過膝長度，兩旁的開衩方便跨
大步地走動。

如同圍巾不加裡布與襯的領
子，可防曬也可防寒。

立領上衣

a
想要穿豎領的衣服而作了
這件上衣。小巧的立領，
像是繞著脖子的設計。領
口抓皺，使兩腋間更為寬
鬆舒適。搭配裙子或褲子
皆適宜。

▶作法 P. 70

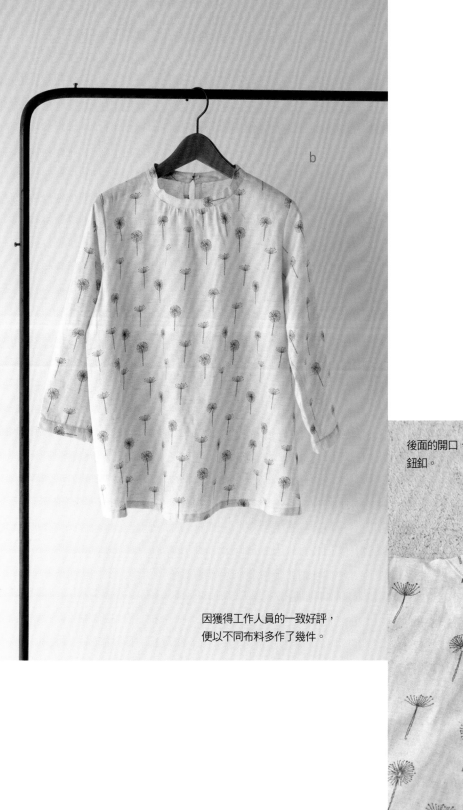

b

因獲得工作人員的一致好評，
便以不同布料多作了幾件。

後面的開口，縫上配合圖案挑選的
鈕釦。

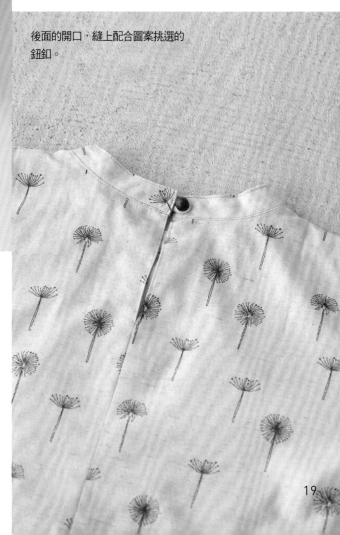

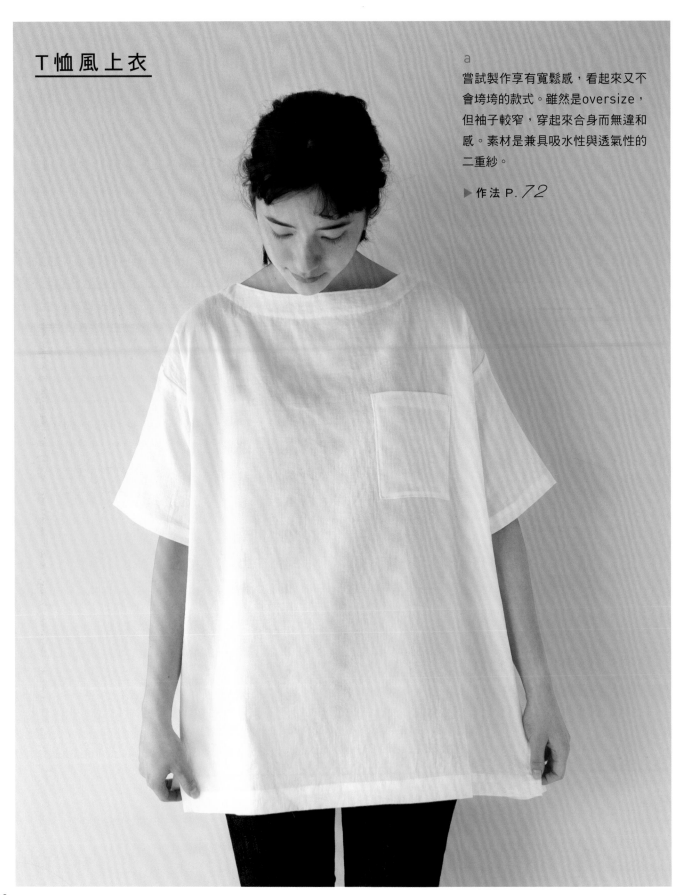

T恤風上衣

a

嘗試製作享有寬鬆感，看起來又不會垮垮的款式。雖然是oversize，但袖子較窄，穿起來合身而無違和感。素材是兼具吸水性與透氣性的二重紗。

▶ 作法 P. 72

為P.20的背面樣式。重點在
脇邊的開衩與蓋住臀部的下
襬。

b
前短後長，適合年輕人。
推薦與P.22的裙子作搭配。

▶ 作法 P.72

c
就算是短版，也能完全蓋住
腰部周圍。多作幾件，每天
都想穿。

▶ 作法 P.72

褶襉裙

美麗的藍色漸層段染木棉布,橫向
裁布作成裙子。腰部整圈打褶,使
腹部周圍看來整齊順暢,下襬的黑
色配布則讓整件裙子緊緻有型。

▶作法 P.*74*

扁平包

與裙子同一塊布的簡易布包。看到
這塊布時，一開始是想拿來作包
包，裙子是以零碼布作的。包包搭
配裙子，充分玩味布料的漸層之
美。

▶作法 P. 82

八分褲

原色麻布八分褲。因為是寬褲襬的
定番款，更換布料多作幾件，一年
四季都能派上用場。後片加上貼式
口袋，作為背面造型。

▶ 作法 P. *76*

藍色是我喜歡的顏色之一。將布料換成北歐風的稍厚麻斜紋布，秋冬也很實穿。

直筒褲

有拉長腿部效果的全長直筒褲。使用靛藍色軟丹寧布，褲管又寬，穿起來十分輕鬆舒適。兩脇邊附有貼式口袋。

▶ 作法 P. *78*

淺褐色棉麻褲，搭配黑色毛
衣，散發男人味，也好穿搭。
褲長可隨個人喜好調整。

氣球褲

平時就愛胖胖鼓鼓剪裁的氣球褲。
這次因為加上細褶，我想會成為任
何人都合穿的設計。褲長短一點，
更方便活動。

▶ 作法 P. 80

脇邊式口袋是從內側放上口袋
布，接縫成斜口袋，保持簡潔
感。

連帽圍巾

想要一條能搭外套或大衣的圍巾。繞在脖子
上,再穿上外出服,搖身一變成為連身帽款
式。當然也可以單純當圍巾用。柔軟的羊毛
紗材質,戴上帽子也不會弄亂髮型。

▶ 作法 P.64

Column

斉藤謠子流の舒適穿搭

將喜愛的單品
以這樣的感覺組合穿搭。

D 連帽圍巾（P.30）＋淺褐色長外套

手邊的外套披上連帽圍巾，有了新的風貌，圍巾成
為穿搭上的重點裝飾。

E 圓領長版上衣（P.4）＋
氣球褲（P.28）＋
長版開襟外套（P.16）

靛藍色長版上衣搭配褲子，是我日常的風格。外出
時套上長版開襟外套，極具整體感。

F 刺繡圍巾（P.7）＋
T恤風上衣b（P.21）
＋八分褲（P.25）

寬管八分褲組合短上衣，一身清爽裝扮。再搭條圍
巾，為夏天進出冷氣房作足準備。

D

E

F

氣 球 包

a

提在手上時，會像氣球般鼓鼓的，
我試作了好幾次。容量夠，袋口
小，就看不見內容物，物品也不會
外露，是我的愛用款。

▶ 作法 P.56

可翻面使用的雙面包。藍色與淺褐
色組合格紋，很可愛吧？挑選裡布
也請再三吟味。

b

靛藍素色木棉布，加上橘色裝
飾線，相互襯托，是實用的日
常包。

單柄包

大小正適合簡單外出時使用的手提包。考量使用性，本體內外側與側身都裝上口袋。若以圖案布製作，本體與口袋圖案的銜接是重點。

▶作法 P. 86

寬版的側身口袋可收放手機與卡
片，需要時立刻就能取出。

為防範物品掉出，內口袋也裝上磁釦。

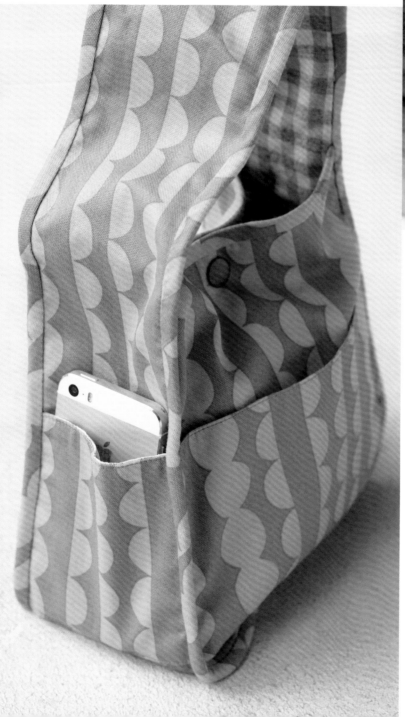

方形手提包

緊實縫合的立型包,有事外出時使用
剛剛好。裝得下A4尺寸,工作用也方
便。左右的側口袋,是抓縫底側加上
側身的機能性設計。

▶作法 P. 88

挑選裡布也是品味的展現，這次是時尚的葉子圖案木棉布。因為加裝了很大的內口袋，要收納攜帶物品也輕鬆。

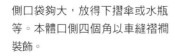

側口袋夠大，放得下摺傘或水瓶等。本體口側四個角以車縫褶襉裝飾。

透明波奇包

波奇包的前側是透明塑膠布，一眼
可看見內容物。因為有耳絆，拉鍊
容易拉開，大款的波奇包附提把，
更好使用。因為內側布也會露出
來，讓選布變得更有趣。

▶ 作法 P. 83

裡面裝的是我工作用的隨身縫紉工
具。這樣就不會忘東忘西，太完美
了！……是吧？

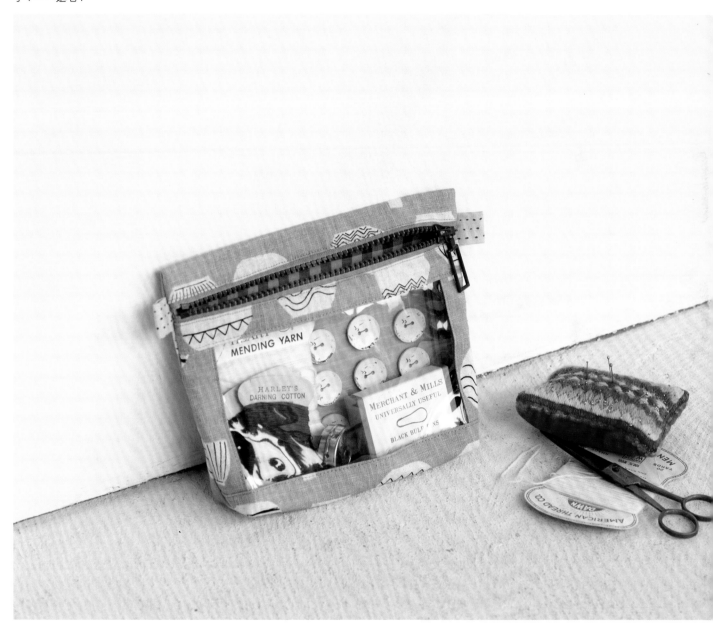

尼龍包

尼龍布是最適合購物袋或波奇包的素材，質地輕，不易起皺，又能摺成小小的尺寸方便攜帶。這麼搶眼的圖案，讓人想當成日用包而非備用包使用。

▶ 作法 P. 90

有兩種尺寸，兩種花色。常常不知
道該選哪一款。包包的內側有加裝
內口袋。

後背包

雖是後背包，其實作法簡單。只需
製作袋狀本體、背帶與握把。背帶
長度請隨喜好調整。卡其色的軟丹
寧布，輕且扎實，男性也適用。

▶ 作法 P.93

只要將袋口側的背帶穿過短提把，
一背起來袋口就會闔上。一放下，
袋口就會打開。

口金小肩包

可將雙手空下來的後背包與肩背包，
在旅行時使用相當方便。小背包可在
出國時用來隨身攜護照與機票。展現
玩心的眼鏡圖案，是不是很有趣呢？

▶ 作法 P. 94

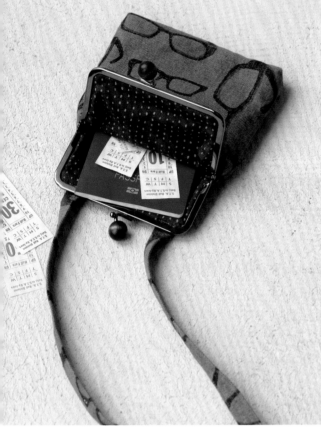

恰好可放入護照與手機的尺寸。

斜背包可代替口袋。請依身高與喜
好調整肩帶長度。

45

胸針

以零碼布作胸針吧！使用市售的包釦
組，簡單就能完成。布上擷取下來的
局部圖案，常會帶給人不同印象。這
些胸章幾乎都是以本書使用的布作成
的，看得出來是哪塊布嗎？

▶作法 P.65

●圖中的尺寸單位是cm。
●包包的「尺寸圖」是不含縫份的完成線尺寸。請加上指定的縫份裁剪。
●衣服的「裁布圖」是以本書使用的布料為基準，當布寬與圖案方向改變，紙型的配置也會跟著不同。請加上圖中標示的縫份裁剪。
●除了以圖片示範製作順序的作品之外，其餘的「材料」說明中均省略縫線。請配合布料顏色準備縫線。
●車縫前請先檢查縫線，務必以實際要使用的布試縫看看。
●為防止針腳綻線，始縫與止縫一定要進行回針縫。

製作前須知

關於尺寸

書中的衣服都有M・L・LL三種尺寸。請參閱底下的對照表，連身洋裝、長版上衣、開襟外套對照胸圍，褲子對照臀圍。也請一併參考各作品的作法頁標示的完成尺寸。想調整衣長時，平行移動下襬線。參考手邊衣服的胸圍或長度等，會更容易掌握尺寸感。

關於紙型

＊使用附錄的原寸紙型製作紙型。
＊先確認作法頁中「使用紙型」所標示的部件，再以其他紙張複寫附錄的原寸紙型。不論直線或曲線都能使用定規尺描畫。曲線用短定規尺比較好畫。布紋線與合印也要一併標示。

紙型上的線條與記號

↕ **布紋線**
布的直紋與線平行對齊。

╎ **摺雙**
左右對稱持續裁布。

♀ **合印**
對齊接合部件的記號。

▥ **褶襇**
由斜線高處往低處摺疊。

記號＆裁剪

有標示完成線記號時，將布背面相對，中間夾入手工藝用複寫紙，以點線器描畫完成線作上記號。別忘了加上合印記號。

麻布先下水

由於麻布洗濯容易縮水，所以裁剪前先下水。將布完全浸濕，脫水約10秒鐘後晾在陰涼處，於半乾時以熨斗重新整理歪斜的布紋。

尺寸對照表（裸身）　　　　單位：cm

尺寸	M	L	LL
胸圍	83	87	93
臀圍	92	96	102

※本書模特兒身高167cm，穿著M尺寸。

必備工具

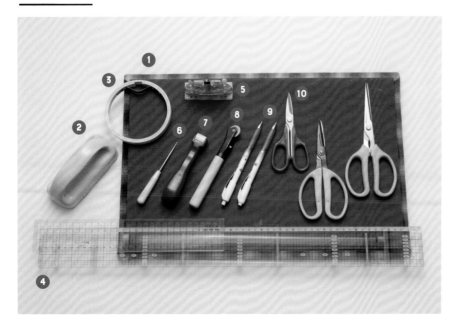

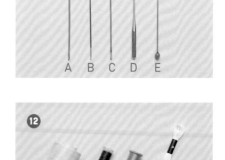

① 拼布多用墊

一面是砂紙面，另一面是皮革的柔軟面。本書以骨筆或點線器等壓出摺痕時使用柔軟面。裡側的布面可當燙墊使用。

② 布鎮

在布上描繪紙型的完成線或裁布時的固定用工具。

③ 繡框

刺繡時用來框住布。框小的比較好作業。

④ 定規尺

在其他紙張複寫紙型、摺疊下襬與袖口，及測量縫份尺寸時使用。60cm長尺與30cm短尺各準備一把。

⑤ 穿線器

用於將線穿過手縫針。

⑥ 尖錐

用於整理出漂亮的邊角。

⑦ 滾輪骨筆

用來將縫份倒向兩側及壓出摺痕。若沒有，可以熨斗代替。

⑧ 直線點線器（骨筆）

用於以複寫紙複寫縫線及壓出摺痕。

⑨ 布用記號筆

用於複寫刺繡圖案。最好準備深色布料用與淺色布料用兩種顏色。

⑩ 剪刀

由左自右為紙用、襯棉用與布用。備妥3種，分開使用，不易損傷，用得較久。

⑪ 針（原寸）

A 疏縫針…用於疏縫。

B 手縫針…用於手縫。

C 刺繡針…用於刺繡。

D 車縫針…縫紉機用針。配合布料厚度更換針的粗細。本書使用一般的60號針。此外，除了要讓人看見的裝飾線外，縫線應接近布料的顏色。

E 珠針。

⑫ 線

A 線…疏縫時使用。

B 車縫針…縫紉機用線。配合布料厚度更換不同粗細的針。本書是使用一般的60號線。除了特意讓人看見的裝飾壓線外，其餘請選擇接近布料顏色的車縫線。

C 手縫線…藏針縫等手縫時使用。

D 繡線…刺繡用，本書使用25號繡線。

除此之外，還有紙型用紙（牛皮紙等可以看到紙型線條的紙張）、鉛筆、手藝用雙面複寫紙、指套、穿鬆緊帶器、熨斗、熨燙墊與縫紉機等。

圓領長版上衣a・b・c

a

b

c
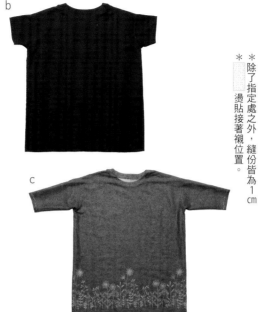

▶**使用紙型（C面）**

前衣身　後衣身　袖子　前貼邊　後貼邊

● **完成尺寸**

M⋯胸圍144㎝　衣長86㎝
　a 背中線到袖口長約67㎝
　b 背中線到袖口長約48.5㎝

L⋯胸圍148㎝　衣長86㎝
　a 背中線到袖口長約67.5㎝
　b 背中線到袖口長約49㎝

LL⋯胸圍154㎝　衣長86㎝
　a 背中線到袖口長約68.5㎝
　b 背中線到袖口長約50㎝

材料

a・b

❶ 二重紗⋯寬120㎝
　a 240㎝／b 220㎝
❷ 接著襯（織布材質）⋯65×20㎝
❸ 聚酯纖維車縫線60號

c

❶ 棉麻　橫向印花⋯寬110㎝
　260㎝
❷❸為a・b相同

＊為便於理解，特意更換圖片中縫線的顏色。

製作重點

作品a・c 是長袖，作品b是半袖，袖長不同，作法相同。

裁布方法

＊a・b參考裁布圖在布上配置紙型，加上縫份後裁剪各部件。前衣身、後衣身、前貼邊與後貼邊為前後中央摺雙各裁剪1片，袖子是左右對稱裁剪2片。

＊由於c是橫向印花圖案布，為了讓圖案呈現於下襬與袖口，衣身及袖子均為橫布紋裁剪。

a・b裁布圖

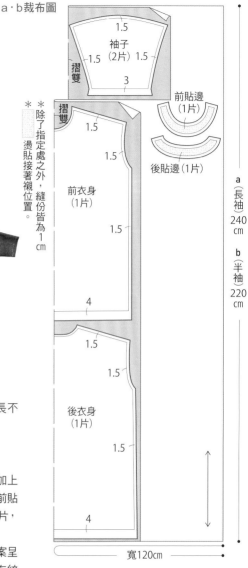

＊除了指定處之外，縫份皆為1㎝

＊燙貼接著襯位置。

袖子（2片）　1.5　1.5　1.5　3　摺雙

前貼邊（1片）　後貼邊（1片）

摺雙　1.5　1.5　前衣身（1片）　1.5

4　1.5　1.5　後衣身（1片）　1.5　4

a（長袖）240㎝　b（半袖）220㎝

寬120㎝

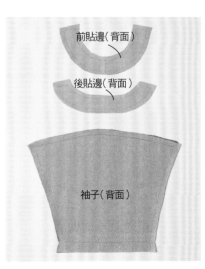

前貼邊（背面）
後貼邊（背面）
袖子（背面）

摺雙　後衣身（背面）　摺雙　前衣身（背面）

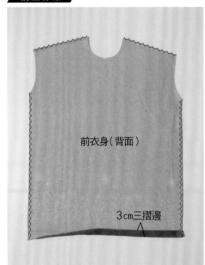

前衣身（背面）

3cm三摺邊

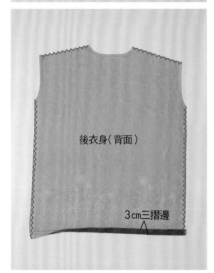

後衣身（背面）

3cm三摺邊

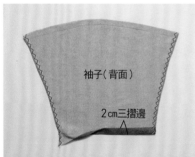

袖子（背面）

2cm三摺邊

前衣身、後衣身與袖子各自將下襬或袖口進行三摺邊。接著於肩部、脇邊及袖下進行Z字形車縫（或拷克。圖中為拷克，以下均同）。此時，三摺邊要先展開再進行Z字形車縫。

〔下襬及袖口的三摺邊作法〕

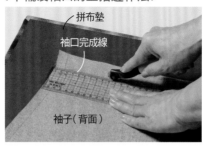

拼布墊
袖口完成線
袖子（背面）

❶ 將布正面朝上置於拼布墊，定規尺對齊袖口（或袖子）完成線，以實線點線器描畫完成線，輕輕壓上摺痕。

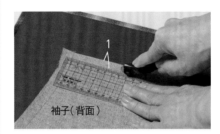

1
袖子（背面）

❷定規尺對齊縫份端向內1cm處，比照步驟❶以點線器描畫。

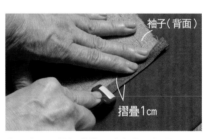

袖子（背面）
摺疊1cm

❸沿步驟❷的摺痕將布端朝背面摺疊1cm，再以滾輪骨筆加壓撫平。

袖子（背面）
完成線

❹（步驟❶摺痕）將縫份朝背面摺疊，變成三摺，以滾輪骨筆加壓撫平。

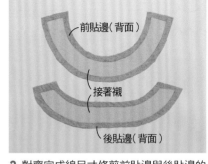

前貼邊（背面）
接著襯
後貼邊（背面）

2 對齊完成線尺寸修剪前貼邊與後貼邊的縫份，均於背面燙貼接著襯。

1 車縫肩線。

2 車縫領口。

3 接縫袖子。

4 車縫袖下至脇邊。

5 處理袖口。

6 處理下襬。

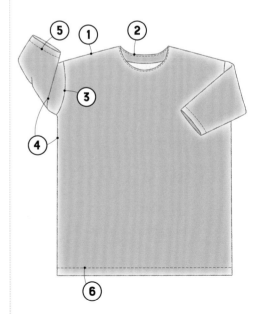

① 車縫肩線

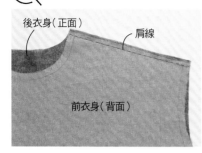

後衣身（正面）
肩線
前衣身（背面）

1 前衣身與後衣身的肩線正面相對疊合進行車縫。始縫與止縫都要進行回針縫。以熨斗（或滾輪骨筆）燙開肩線縫份。

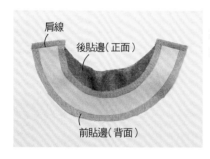

肩線
後貼邊（正面）
前貼邊（背面）

2 前貼邊與後貼邊的肩線正面相對疊合並進行車縫。

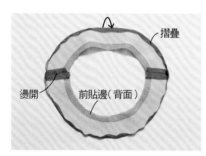

摺疊
燙開
前貼邊（背面）

3 燙開貼邊的肩線縫份，再以熨斗壓摺貼邊外圍的縫份。

後貼邊（背面）

2 領口縫份的彎曲部分，每間隔約1.5cm剪牙口至距離針腳0.2cm。

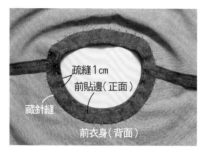

疏縫1cm
前貼邊（正面）
藏針縫
前衣身（背面）

3 貼邊翻至衣身的背面，熨斗整燙後疏縫領口。接著是貼邊外圍進行藏針縫，使衣身表面不會明顯露出針腳。

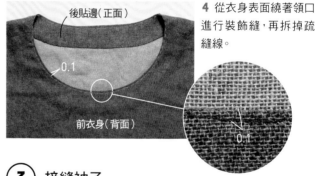

後貼邊（正面）
0.1
前衣身（背面）
0.1

4 從衣身表面繞著領口進行裝飾縫，再拆掉疏縫線。

② 車縫領口

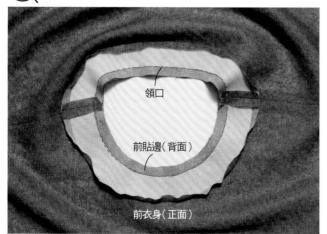

領口
前貼邊（背面）
前衣身（正面）

1 貼邊與衣身領口正面相對疊合，車縫領口一圈。

③ 接縫袖子

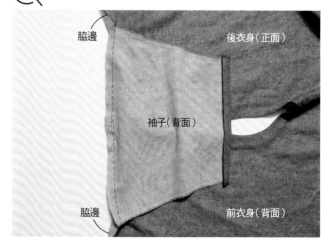

脇邊
後衣身（正面）
袖子（背面）
脇邊
前衣身（背面）

1 袖子與衣身的袖襱正面相對疊合並進行車縫。

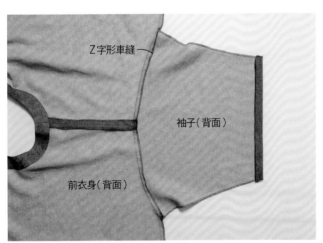

Z字形車縫

袖子（背面）

前衣身（背面）

2 袖子的接縫縫份，兩片一起進行Z字形車縫，以熨斗將縫份倒向袖側。

④ 車縫袖下至脇邊

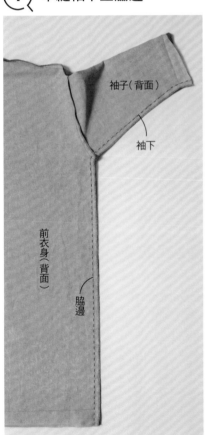

袖子（背面）

袖下

前衣身（背面）

脇邊

前衣身與後衣身的袖下及脇邊正面相對疊合。將袖口與下襬的三摺邊縫份展開，車縫袖下至脇邊並燙開縫份。

⑤ 處理袖口

袖子（背面）

恢復袖口的三摺邊，進行裝飾縫。

（背面）

0.1

2

⑥ 處理下襬

衣身（背面）

恢復下襬的三摺邊，進行裝飾縫。

（背面）

0.1

3

＼ 完成 ／

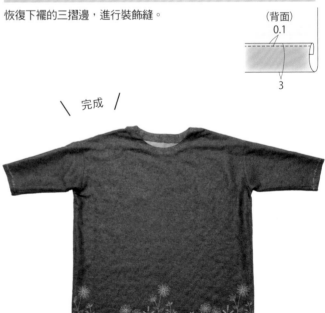

褶襉長版上衣
刺繡圍巾

▶使用紙型（C面）
前衣身　後衣身　袖子　前貼邊　後貼邊
圍巾不製作紙型，依裁布圖標示的尺寸直
接裁剪。

● 完成尺寸
長版上衣
M…胸圍150cm　衣長86cm
　　背中線到袖口長約67cm
L …胸圍154cm　衣長86cm
　　背中線到袖口長約67.5cm
LL…胸圍160cm　衣長86cm
　　背中線到袖口長約68.5cm

圍巾
寬35cm　長185cm

材料
Cotton Lawn…寬120cm　240cm
接著襯（織布材質）…65×20cm
25號繡線　白色…適量

製作重點
使用圓領長版上衣a的紙型，只是於前中
心加入褶襉，脇邊開衩。

作法
＊下襬與袖口的縫份三摺邊，肩線、脇邊
與袖下的縫份進行Z字形車縫（或拷克）
→p.50。

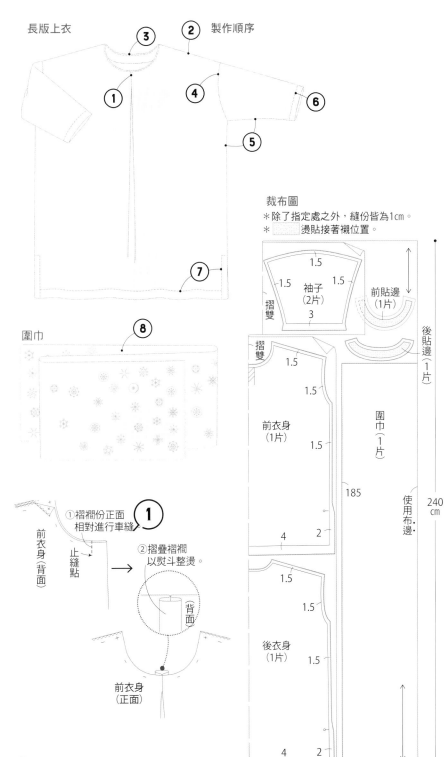

長版上衣　　製作順序

圍巾

裁布圖
＊除了指定處之外，縫份皆為1cm。
＊　　　燙貼接著襯位置。

前衣身（背面）　止縫點
①褶襉份正面相對進行車縫
②摺疊褶襉以熨斗整燙。
背面
前衣身（正面）

袖子（2片）　前貼邊（1片）
摺雙　1.5　1.5　3

後貼邊（1片）

前衣身（1片）　圍巾（1片）　後貼邊
1.5　1.5　1.5

185

4　2　35

後衣身（1片）　1.5　1.5

4　2

寬120cm　240cm　使用布邊

① 車縫前中央的褶襉。

② 車縫肩線。→p.51①

③ 車縫領口。→p.51②

④ 接縫袖子。→p.51③

⑤ 車縫袖下至脇邊→p.52④，
　 車縫脇邊至開衩止點。

⑥ 處理袖口。→p.52⑤

⑦ 處理下襬，脇邊開衩。→p.73⑦

⑧ 製作圍巾。→p.54

8

直接使用布邊

圍巾（正面）

②抽掉經線與緯線，成為流蘇狀。

0.5
0.5

①複寫圖案進行刺繡。刺繡位置可隨喜好配置。

原寸刺繡圖案　※皆取1股線。

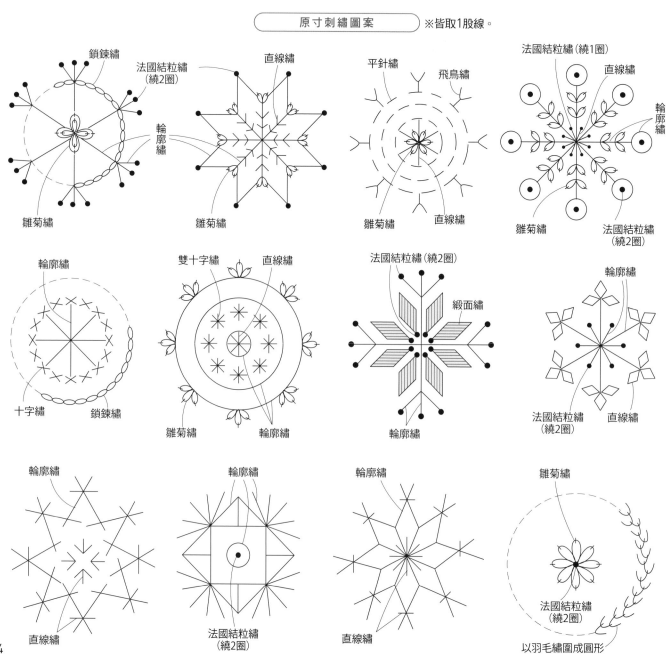

鎖鍊繡　法國結粒繡（繞2圈）　輪廓繡　雛菊繡

直線繡　雛菊繡

平針繡　飛鳥繡　雛菊繡　直線繡

法國結粒繡（繞1圈）　直線繡　輪廓繡　雛菊繡　法國結粒繡（繞2圈）

輪廓繡　十字繡　鎖鍊繡

雙十字繡　直線繡　雛菊繡　輪廓繡

法國結粒繡（繞2圈）　緞面繡　輪廓繡

輪廓繡　法國結粒繡（繞2圈）　直線繡

輪廓繡　直線繡

輪廓繡　法國結粒繡（繞2圈）

輪廓繡　直線繡

雛菊繡　法國結粒繡（繞2圈）　以羽毛繡圍成圓形

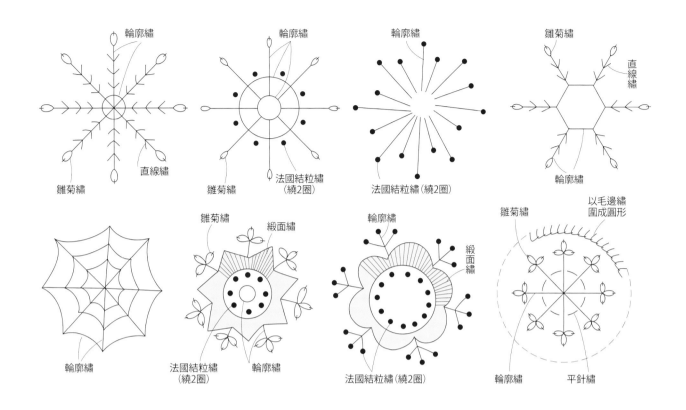

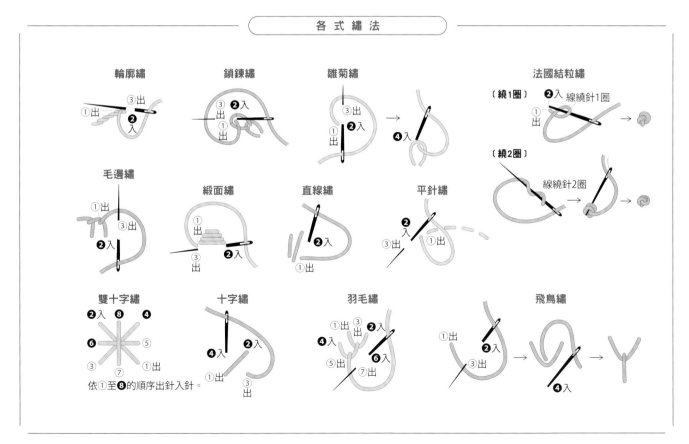

各式繡法

輪廓繡　鎖鍊繡　雛菊繡　法國結粒繡

毛邊繡　緞面繡　直線繡　平針繡

雙十字繡　十字繡　羽毛繡　飛鳥繡

依①至❽的順序出針入針。

氣球包 a・b

a

b

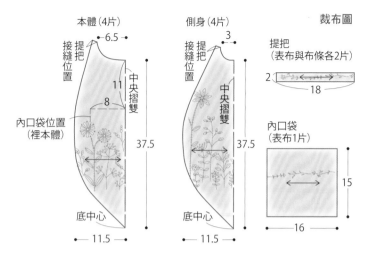

本體(4片)　側身(4片)　裁布圖

提把
（表布與布條各2片）

2　←18→

內口袋
（表布1片）

15
16

接縫位置　提把接縫位置
中央摺雙
內口袋位置（裡本體）
底中心
6.5　11　8　37.5　11.5

接縫位置　提把接縫位置
中央摺雙
底中心
3　37.5　11.5

▶使用紙型（A面）
本體　側身　提把　內口袋

● 完成尺寸
高37.5cm　袋口寬約25cm

❷　❶
❸

材料

a
❶ 棉麻　條紋印花…寬110cm　120cm
❷ 麻織帶…寬2cm　40cm
❸ 聚酯纖維線60號
b
木棉　深藍…寬110cm　45cm（表布）
木棉　格紋…寬110cm　65cm（裡布）
❷❸ 與a通用

製作重點

＊作品a的表布與裡布是以同一塊布（棉麻條紋印花）裁剪，只是表本體、表側身、內口袋及提把是取有圖案的部分，而裡本體與裡側身則取素色部分。提把的裡側使用麻織帶。

＊作品b以不同布裁剪表布與裡布時，本體・側身以中央摺雙的直布紋裁剪，表本體、表側身及提把以表布裁剪，裡本體、裡側身及內口袋以裡布裁剪（裁布方法參見裁布圖）。

裁布圖（作品a）　　　　＊除了指定處之外，縫份皆為1cm。

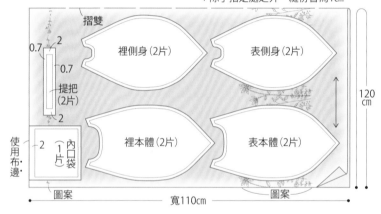

摺雙
裡側身(2片)　表側身(2片)
0.7　2
0.7
提把(2片)
2
使用布邊
2　內口袋（1片）
裡本體(2片)　表本體(2片)
圖案　寬110cm　圖案
120cm

裁布方法

參考裁布圖在布上配置紙型，加上指定縫份後裁剪各部件。內口袋的口袋口縫布端就是布邊。

作法

① 縫合表布。

② 縫合裡布。

③ 製作提把並暫時車縫固定。

④ 縫合表裡布，完成！

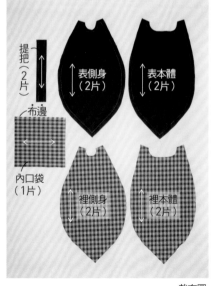

提把(2片)
布邊
內口袋(1片)
表側身(2片)　表本體(2片)
裡側身(2片)　裡本體(2片)

① 縫合表布

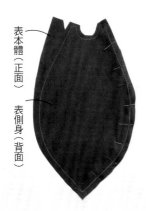

1 表本體與表側身正面相對疊合,以珠針固定單側的脇邊。

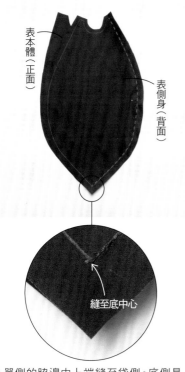

2 單側的脇邊由上端縫至袋側。底側是止縫於底中心的記號。車縫時始縫與止縫都要進行回針縫。

縫至底中心

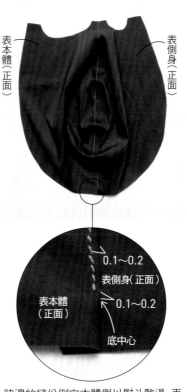

0.1~0.2
表側身(正面)
表本體
(正面)
0.1~0.2
底中心

3 脇邊的縫份倒向本體側以熨斗整燙,再從表本體的表面進行裝飾縫。此時底中心是縫至**2**止縫位置向上0.1至0.2cm處。

側身(背面)　本體(背面)

底中心

5 將**4**中作好的兩組正面相對疊合進行車縫兩脇邊。此時並非直接車縫一圈,而是底中心先止縫固定於完成線記號,避開**2**的縫份再從底中心續縫。

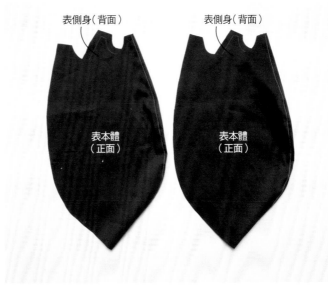

4 另一組表本體與表側身也依**1**至**3**縫合。

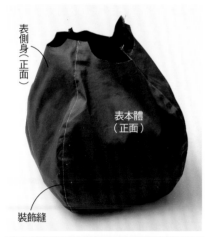

表側身（正面）

表本體（正面）

裝飾縫

（背面）

底中心

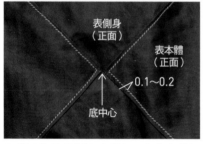

表側身（正面）

表本體（正面）

0.1～0.2

底中心

6 將**5**的縫份倒向本體側，底中心的縫份以風車倒向整燙，接著從表本體表面沿著針腳邊進行裝飾縫。

---

② 縫合裡布

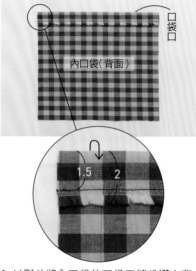

內口袋（背面）

口袋口

1.5　2

1 以熨斗將內口袋的口袋口縫份摺向背面，進行裝飾縫。

內口袋（背面）

2 除了內口袋的口袋口之外，將其餘三邊的縫份摺向背面。

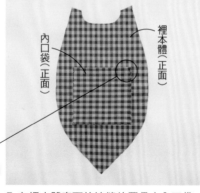

內口袋（正面）

裡本體（正面）

0.2

3 在裡本體表面的接縫位置疊上內口袋，以裝飾縫固定。口袋口的兩個角摺成三角形進行車縫。

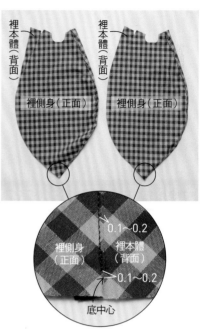

裡本體（背面）

裡本體（背面）

裡側身（正面）

裡側身（正面）

0.1～0.2

裡側身（正面）

裡本體（背面）

0.1～0.2

底中心

4 裡本體與裡側身正面相對疊合，比照表布作法，車縫單側脇邊至底中心。與表布相反，縫份是倒向側身側，從表側進行裝飾縫。相同作法再作一組。

7至8cm返口

裡本體（背面）

裡側身（背面）

裡側身（背面）

裡本體（背面）

底中心

5 將**4**中作好的兩組正面相對疊合，車縫兩脇邊。預留7至8cm返口，底中心與表布一樣，止縫於完成線記號，避開縫份續縫。

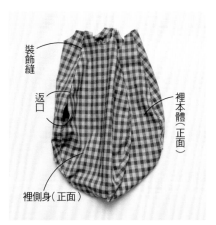

6 將**5**的縫份倒向側身側，底中心的縫份同樣風車倒向整燙，接著從表本體表面沿著針腳邊進行裝飾縫。

③ 製作提把並暫時車縫固定

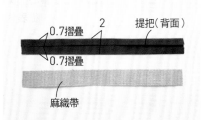

0.7摺疊
2
提把（背面）
0.7摺疊
麻織帶

1 以熨斗將長邊提把的縫份摺向背面，整理成2cm寬。織帶剪成與提把布一樣長。

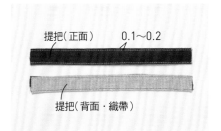

提把（正面）　0.1～0.2
提把（背面・織帶）

2 提把布與織帶背面相對疊合，於長邊進行裝飾縫。布作為提把表側，織帶則是裡側，製作兩條提把。

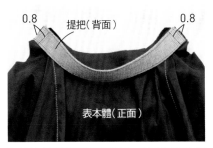

0.8　提把（背面）　0.8
表本體（正面）

3 表本體與提把正面相對，將提把對齊接縫位置，車縫暫時固定於距布端0.8cm處。另一面表本體側也進行車縫暫時固定提把。

④ 縫合表裡布，完成

表本體（背面）
裡本體（背面）

1 裡布翻至背面，正面相對將表布放進內側疊合，車縫縫合上端一圈。

裡本體（背面）

2 於上端縫份的彎曲部分剪牙口，剪至距針腳0.2cm處。

返口　0.1～0.2
裡側身（正面）

3 從裡布的返口拉出，翻至正面後整型。返口縫份內摺，重疊裡本體與裡側身，以裝飾縫縫合。

提把
裡側身（正面）
0.1～0.2
表本體（正面）

4 整燙袋口，以裝飾縫縫合袋口一圈。

表本體（正面）

裡本體（正面）

5 完成。也可將裡布側翻至正面使用。

拉克蘭袖連身洋裝a・b

▶使用紙型（B面）

前衣身　後衣身　袖子　口袋布　領口貼邊（僅限a）
領口剪接布（僅限b）
布繩不製作紙型，依裁布圖標示的尺寸斜向裁剪。

● 完成尺寸（a・b相同）

M…胸圍100cm　背中心線到袖口長約63.5cm
　　衣長100cm
L…胸圍104cm　背中心線到袖口長約63.5cm
　　衣長100cm
LL…胸圍110cm　背中心線到袖口長約63.5cm
　　衣長100cm

材料

a
木棉…寬110cm　240cm
接著襯（織布材質）…35×30cm
鈕釦…直徑1.5cm　1顆
b
棉麻…寬115cm　240cm
鈕釦…直徑1.5cm　1顆

製作重點

a的領口是以貼邊處理，b的領口是接縫剪接布。
其他作法皆相同。

作法

＊於a的領口貼邊背面燙貼接著襯。
＊脇邊・袖下・下襬・口袋布的脇邊縫份，及貼邊
的外圍（僅限a）進行Z字形車縫（或拷克）。

裁布圖

a

袖子(2片)
摺雙
袋布(2片)
後衣身(2片)
領口貼邊(1片)
口袋布(2片)
前衣身(1片)
布繩(1片)
使用布邊・
寬110cm
240cm

＊除了指定處之外，縫份皆為1cm。
＊燙貼接著襯位置。

b

袖子(2片)
摺雙
口袋布(2片)
後衣身(2片)
領口剪接布(1片)
領口剪接布(1片)
口袋布(2片)
前衣身(1片)
布繩(1片)
使用布邊・
寬115cm
240cm

＊除了指定處之外，縫份皆為1cm。

① 後中央從開口止點車縫至下襬
　　並燙開縫份。

② 接縫袖子。

③ 車縫領口。a是以貼邊返縫→
　　p.61③，b是接縫剪接布→p.62③

④ 車縫袖下至脇邊。→p.62

⑤ 製作口袋。→p.62

⑥ 處理袖口。→p.52⑤

⑦ 處理下襬。→p.52⑥

⑧ 於後片開口接縫布繩。→p.62

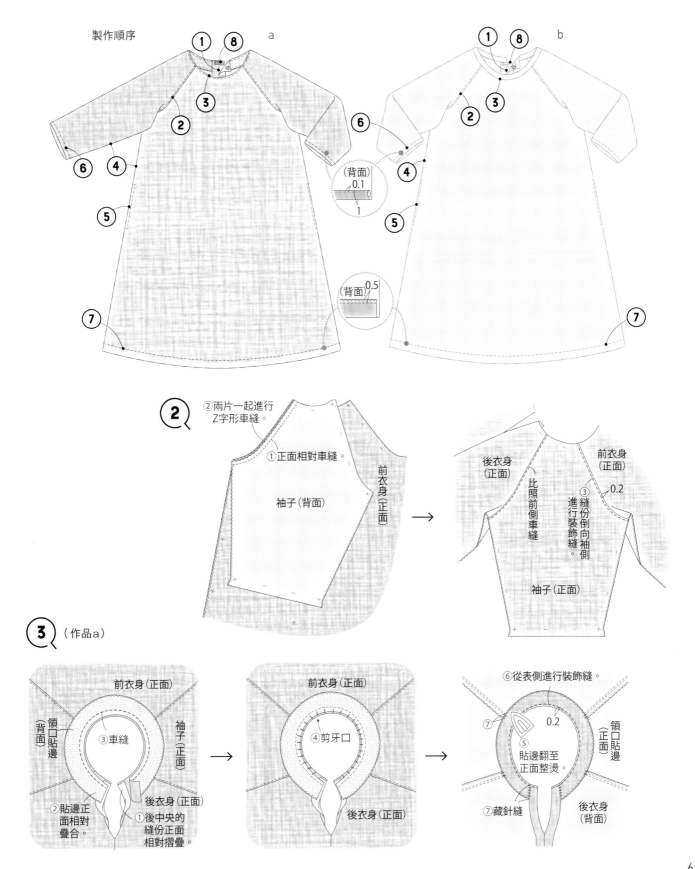

製作順序

a ① ⑧

③

②

⑥ ④

⑤

⑦

b ① ⑧

③

②

⑥ ④

⑤

⑦

(背面)
0.1
1

(背面) 0.5

② ②兩片一起進行
Z字形車縫。

①正面相對車縫。

袖子（背面）

前衣身（正面）

→

後衣身
（正面）

比照前側車縫

③縫份倒向袖側進行裝飾縫。

0.2

前衣身
（正面）

袖子（正面）

③ （作品a）

前衣身（正面）

領口貼邊
（背面）

③車縫

袖子（正面）

①後中央的縫份正面相對摺疊。

②貼邊正面相對疊合。

後衣身（正面）

→

前衣身（正面）

④剪牙口

後衣身（正面）

→

⑥從表側進行裝飾縫。

⑦

0.2

⑤貼邊翻至正面整燙。

領口貼邊（正面）

⑦藏針縫

後衣身（背面）

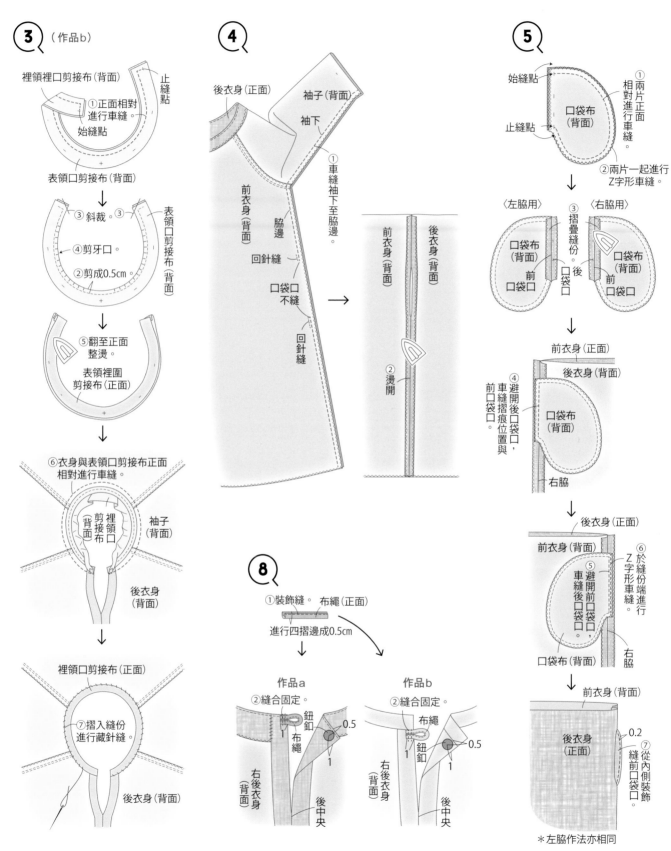

3 （作品b）

裡領裡口剪接布（背面）
①正面相對進行車縫。
止縫點
始縫點
表領口剪接布（背面）

③斜裁。③
④剪牙口。
②剪成0.5cm
表領口剪接布（背面）

⑤翻至正面整燙。
表領裡圍剪接布（正面）

⑥衣身與表領口剪接布正面相對進行車縫。
裡領口剪接布背面
袖子（背面）
後衣身（背面）

裡領口剪接布（正面）
⑦摺入縫份進行藏針縫
後衣身（背面）

4

後衣身（正面）
袖子（背面）
袖下
前衣身（背面）
①車縫袖下至脇邊。
脇邊
回針縫
口袋口不縫
回針縫

前衣身（背面）
後衣身（背面）
②燙開

8

①裝飾縫。 布繩（正面）
進行四摺邊成0.5cm

作品a
②縫合固定。
鈕釦
1
布繩
0.5
1
右後衣身（背面）
後中央

作品b
②縫合固定。
鈕釦
1
0.5
1
右後衣身（背面）
後中央

5

始縫點
①兩片正面相對進行車縫。
止縫點
口袋布（背面）
②兩片一起進行Z字形車縫。

〈左脇用〉 ③摺疊縫份 〈右脇用〉
口袋布（背面）
前口袋口
後
口袋布（背面）
前口袋口

前衣身（正面）
後衣身（背面）
④避開後口袋口，車縫摺痕位置與前口袋口。
口袋布（背面）
右脇

後衣身（正面）
前衣身（背面）
⑥於縫份端進行Z字形車縫。
⑤避開前口袋口車縫後口袋口。
Z字形車縫
口袋布（背面）
右脇

前衣身（背面）
後衣身（正面）
0.2
⑦從內側裝飾縫前口袋口。

＊左脇作法亦相同

62

氣球形連身洋裝

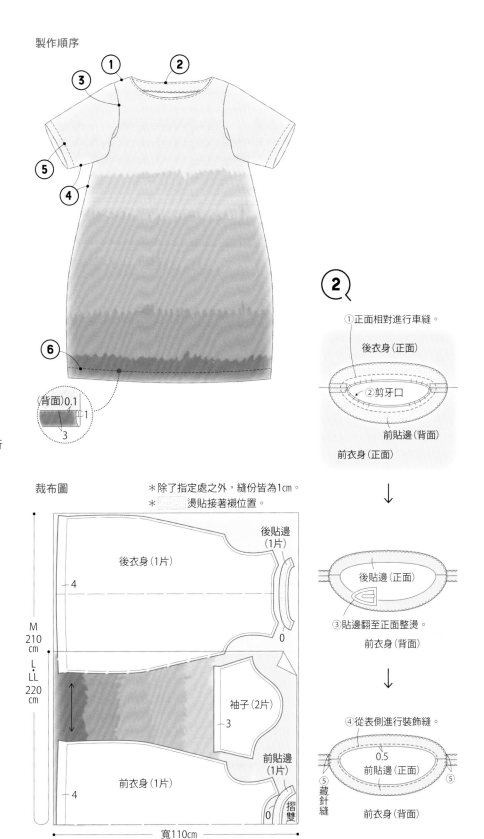

製作順序

▶使用紙型（C面）
前衣身　後衣身　袖子　前貼邊　後貼邊

● 完成尺寸
M…胸圍103cm　衣長93cm
　　　袖長27cm
L …胸圍107cm　衣長93cm
　　　袖長27cm
LL…胸圍113cm　衣長93cm
　　　袖長27cm

材料
木棉　綠色段染…寬110cm
　M210cm／L LL220cm
接著襯（織布材質）…40×25cm

作法
＊於各貼邊的背面燙貼接著襯。
＊肩線·脇邊·袖下縫份及貼邊外圍進行
Z字形車縫（或拷克）。

(1) 車縫肩線。衣身與前後貼邊正面相
　　對疊合進行車縫肩線並燙開縫份。

(2) 車縫領口。

(3) 接縫袖子。→p.51(3)

(4) 車縫袖下至脇邊。→p.52(4)

(5) 處理袖口。→p.52(5)

(6) 處理下襬。→p.52(6)

(背面)0.1

裁布圖　　　＊除了指定處之外，縫份皆為1cm。
　　　　　　＊　　　燙貼接著襯位置。

後貼邊（1片）
後衣身（1片）
4
M 210cm
L LL 220cm
袖子（2片）
3
前貼邊（1片）
摺雙
前衣身（1片）
4
0
藏針縫
寬110cm

(2)
①正面相對進行車縫。
後衣身（正面）
②剪牙口
前貼邊（背面）
前衣身（正面）

後貼邊（正面）
③貼邊翻至正面整燙。
前衣身（背面）

④從表側進行裝飾縫。
0.5
前貼邊（正面）
(5)
前衣身（背面）

連帽圍巾

▶使用紙型（D面）
本體
＊由於本體的原寸紙型只有上半部，請參
考裁布圖延長至全長120cm。

● 完成尺寸
寬32cm　長120cm

材料
羊毛紗…寬135cm　80cm

作法

① 於下端抽鬚。

② 車縫後中央，處理端部。

③ 前端的縫份三摺邊進行裝飾縫。

製作順序

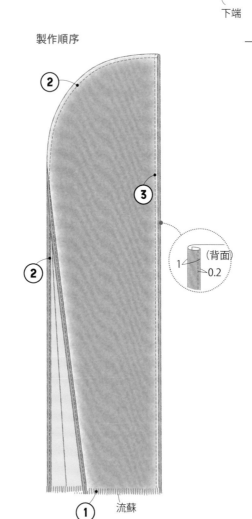

流蘇

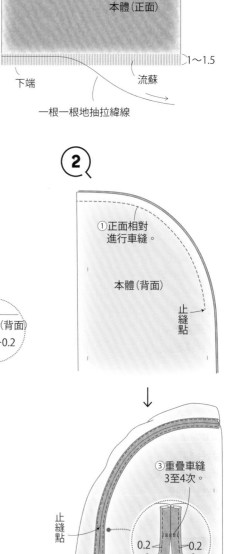

① 本體（正面）

1～1.5
下端　　　流蘇
一根一根地抽拉緯線

②
①正面相對
進行車縫。
本體（背面）
止縫點

③重疊車縫
3至4次。
止縫點
0.2　0.2
1　　1
②三摺邊進行
裝飾縫。
本體（背面）

裁布圖

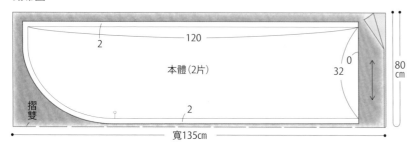

2
120
本體（2片）
0
32
2
80 cm
摺雙
寬135cm

胸針

▶使用紙型 參見下圖

● 完成尺寸
圓形 直徑4cm　橢圓形　4.5×3.5cm

材料

圓形a
麻　圖案布…7×7cm（本體）
不織布　黑色…3.5×3.5cm（襠布）
包釦芯…直徑4cm　1個
胸針台 銀色
…長2.5cm　1個
化纖棉…適量

圓形b
布邊 原色…寬1.5cm適量
　（周圍裝飾）
其他材料及圓形a相同

橢圓形
木棉　圖案布…7×6cm（本體）
不織布　黑色…4×3cm（襠布）
包釦芯…4.5×3.5cm　1個
胸針台 銀色
…長2.5cm　1個
化纖棉…適量
手縫線 接近布的顏色

製作重點

＊圓形b的裝飾布是使用布邊部分，也可將蕾絲或緞帶剪成細長條代替。
＊圓形a與橢圓形進行到①-④，圓形b是作完 ①-⑧再前進到 ②。

作法

＊參考原寸紙型與裁布圖，不加縫份裁剪各部件。

① 製作本體。
② 圓形b另外在本體接縫裝飾布。
③ 將胸針台縫至襠布上。
④ 襠布與本體接縫。

裁布圖

圓形a
本體（圖案布）1片
7

襠布（不織布）1片
3.5

橢圓形
本體（圖案布）1片
6 / 7

襠布（不織布）1片
2.7 / 3.8

① 本體（背面）
　0.5縫份
　①於本體周圍0.5cm縫份處進行縮縫。
　②將線拉出正面，針先留在線上。
　棉花
　③塞入包釦芯與化纖棉。
　④拉緊縫線，進行一針回針縫再打上止縫結。

② 襠布（正面）
　0.8
　縫上胸針台

③ 襠布（正面）
　將襠布疊至①的背面，以藏針縫縫合周圍。

【圓形b】
⑤依喜好的長度裁剪布的布邊，進行縮縫。
1.5
布邊側
棉花
⑧縫合固定於①的周長的背面。
⑥拉緊縫線，抽皺縮至①的周長。
布端重疊0.5cm

本體（正面）
約0.5
⑦突出正面0.5cm。

原寸紙型

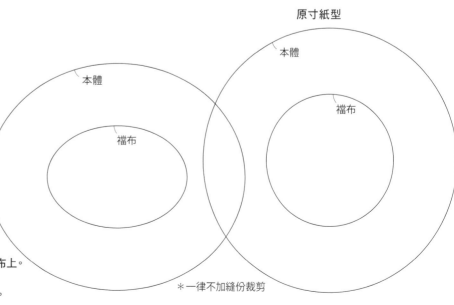

本體
襠布

本體
襠布

＊一律不加縫份裁剪

V領長版上衣a‧b

▶使用紙型（D面）

前衣身　後衣身　袖子　前貼邊　後貼邊

刺繡圖案（僅限a）

● 完成尺寸

M… 胸圍103cm　衣長94.5cm
　　袖長a27cm／b48.5cm

L … 胸圍107cm　衣長94.5cm
　　袖長a27cm／b48.5cm

LL…胸圍113cm　衣長94.5cm
　　袖長a27cm／b48.5cm

材料

a

棉麻…寬110cm　240cm

接著襯（織布材質）…50×30cm

25號繡線　茶色‧綠色‧黃色…各適量

b

麻…寬119cm　260cm

接著襯…50×30cm

製作重點

＊a是半袖，b是長袖，另a在領口點綴刺繡
（繡法參見P.55），其餘作法相同。

作法

＊於各貼邊的背面燙貼接著襯。

＊肩線‧脇邊‧袖下的縫份及貼邊外圍進行
Z字形車縫（或拷克）。

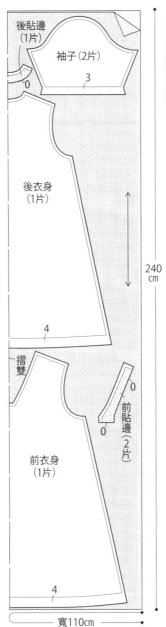

① 各自縫合衣身與貼邊的肩線並燙開縫份。
　接著a依複寫的圖案在領口進行刺繡。

② 車縫領口，摺疊褶襉。

③ 接縫袖子。→p.51③

④ 車縫袖下至脇邊。→p.52④

⑤ 處理袖口。→p.52⑤

⑥ 處理下襬。→p.52⑥

製作順序

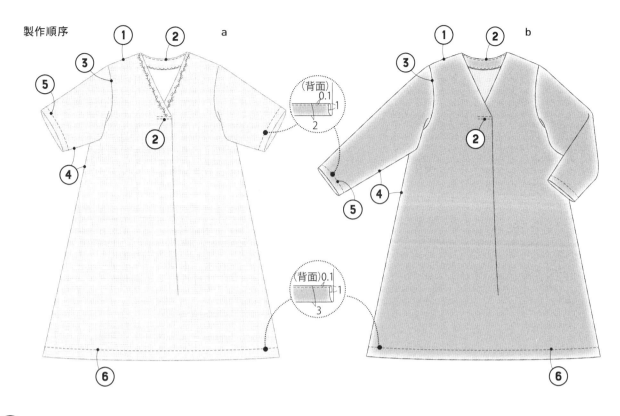

a

b

(背面) 0.1
1
2

(背面) 0.1
1
3

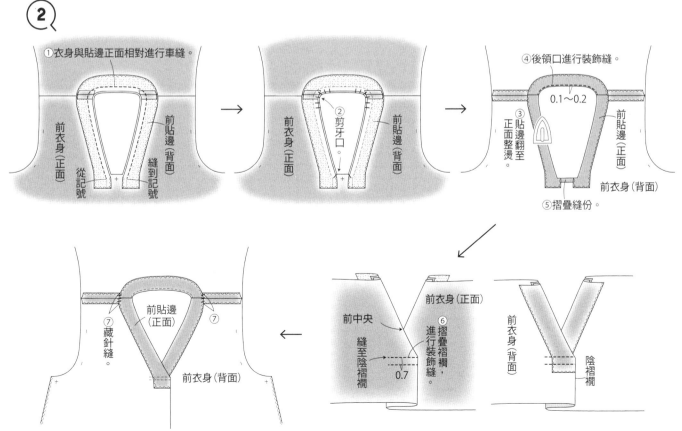

②

①衣身與貼邊正面相對進行車縫。

前衣身（正面）　從記號　縫到記號　前貼邊（背面）

②剪牙口。

前衣身（正面）　前貼邊（背面）

④後領口進行裝飾縫。

0.1～0.2

③貼邊翻至正面整燙。

前貼邊（正面）

前衣身（背面）

⑤摺疊縫份。

前貼邊（正面）

⑦藏針縫。

前衣身（背面）

前中央

前衣身（正面）

⑥摺疊褶襉，進行裝飾縫。

縫至陰褶襉　0.7

前衣身（背面）

陰褶襉

長版開襟外套a・b・c

▶▶使用紙型（B面）
前衣身　後衣身　袖子　口袋布
＊處理領口用的斜布條依裁布圖標示的尺寸直接
裁剪。

● 完成尺寸（相同）
M … 胸圍約110cm　背中線到袖口長約72cm
　　　衣長94cm
L … 胸圍約114cm　背中線到袖口長約73cm
　　　衣長94cm
LL … 胸圍約120cm　背中線到袖口長約74.5cm
　　　衣長94cm

材料

a　棉麻…寬110cm　360cm
b　棉麻…寬115cm　360cm
c　二重紗…寬120cm　360cm
接著膠帶…寬1cm　34cm

製作重點

＊由於領子部分不加裡布，會直接看到背面，請
挑選無表裡之分，或不在意露出背面的布來製作
領子。
＊a・b・c布的材質不同，作法一致。

作法

於前口袋口的縫份背面燙貼條狀接著襯。
＊後衣身的後中央與脇邊．袖下．口袋布外圍
縫份進行Z字形車縫（或拷克）。

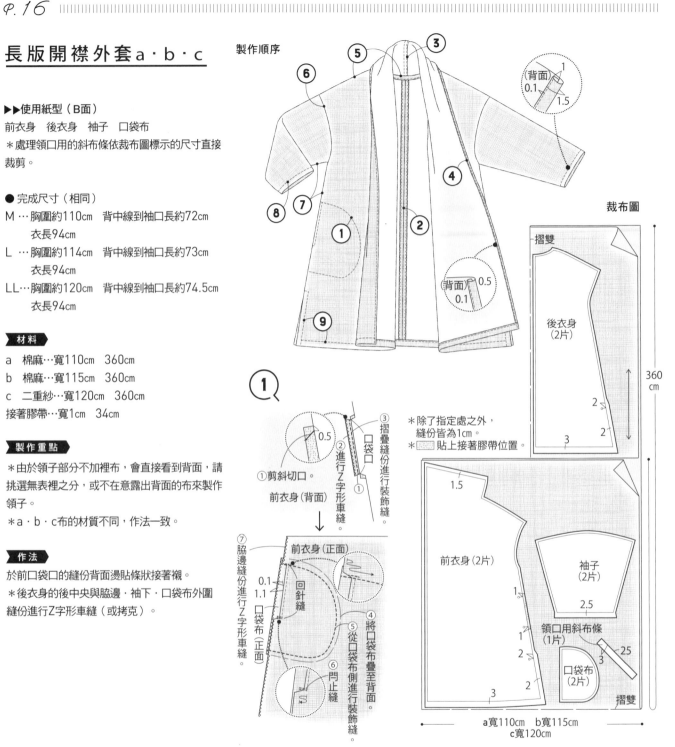

裁布圖

＊除了指定處之外，
縫份皆為1cm。
＊[] 貼上接著膠帶位置。

a寬110cm　b寬115cm
c寬120cm

① 前衣身縫上口袋。

② 車縫後衣身的後中央並
　燙開縫份。

③ 領口的後中央進行包邊縫。

④ 前端至領子外圍的縫份
　三摺邊後進行裝飾縫。

⑤ 車縫肩線至領口。

⑥ 接縫袖子→p.51③，
　但袖下是於完成線的記號止縫。

⑦ 車縫袖下至脇邊→p.52④，
　注意避開前口袋口且於開衩止點止縫。

⑧ 處理袖口。→p.52⑤

⑨ 處理下襬與開衩。

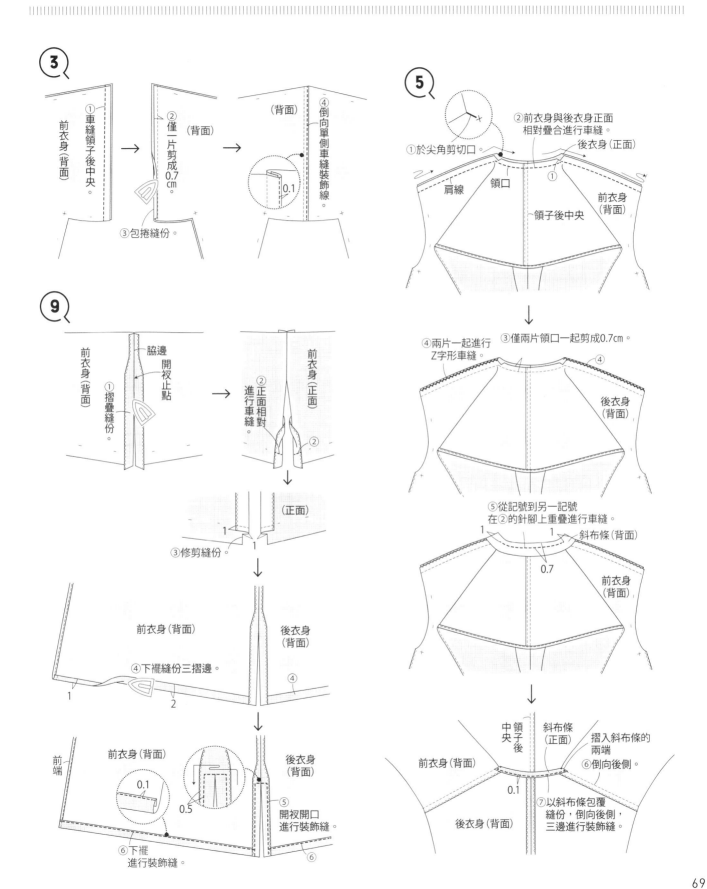

3

①車縫領子後中央。 前衣身（背面）

→

②僅一片剪成0.7cm。 （背面） ③包捲縫份。

→

④倒向單側車縫裝飾線。 （背面） 0.1

5

①於尖角剪切口。 ②前衣身與後衣身正面相對疊合進行車縫。 後衣身（正面） 肩線 領口 領子後中央 前衣身（背面）

↓

③僅兩片領口一起剪成0.7cm。 ④兩片一起進行Z字形車縫。 後衣身（背面）

↓

⑤從記號到另一記號在②的針腳上重疊進行車縫。 斜布條（背面） 0.7 前衣身（背面）

↓

中央 領子後 斜布條（正面） 摺入斜布條的兩端 ⑥倒向後側。 前衣身（背面） 0.1 後衣身（背面） ⑦以斜布條包覆縫份，倒向後側，三邊進行裝飾縫。

9

脇邊 開衩止點 ①摺疊縫份。 前衣身（背面）

→

②正面相對進行車縫。 前衣身（正面） ②

↓

（正面） 1 ③修剪縫份。 1

↓

前衣身（背面） 後衣身（背面） ④下襬縫份三摺邊。 1 2 ④

↓

前端 前衣身（背面） 後衣身（背面） 0.1 0.5 ⑤開衩開口進行裝飾縫。 ⑥下襬進行裝飾縫。

立領上衣a・b

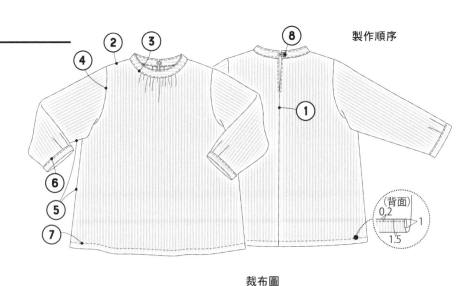

製作順序

▶使用紙型（D面）
前衣身　後衣身　袖子　領子　袖口卡夫
＊布繩不製作紙型，依裁布圖標示的尺寸
直接裁剪。

● 完成尺寸
M …胸圍110cm　袖長45cm
　　衣長a65cm／b61cm
L … 胸圍114cm　袖長45cm
　　衣長a65cm／b61cm
LL…胸圍120cm　袖長45cm
　　衣長a65cm／b61cm

▌材料▐
木棉 直條紋…寬110cm　170cm
鈕釦…直徑1.5cm　1顆
b
棉麻 花朵圖案…寬110cm　190cm
鈕釦…直徑1cm　1顆

▌製作重點▐
＊作品a與b衣服長度不同，但作法相同。
＊作品b的花朵圖案有方向性，裁布時，紙
型要同方向配置裁剪。

▌作法▐
＊後中央・肩線・脇邊・袖下的縫份進行Z
字形車縫（或拷克）。

裁布圖

a

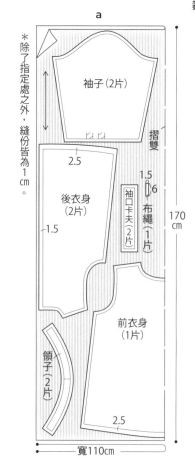

b

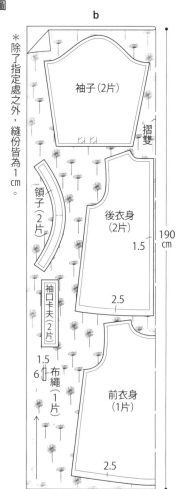

① 車縫後中央，製作開口。

② 車縫肩線，燙開縫份。

③ 製作領子並接縫。

④ 接縫袖子。→p.51③

⑤ 車縫袖下至脇邊。
　→p.52④

⑥ 於袖口接縫袖口卡夫。

⑦ 處理下襬。→p.52⑥

⑧ 縫上布繩與鈕釦。

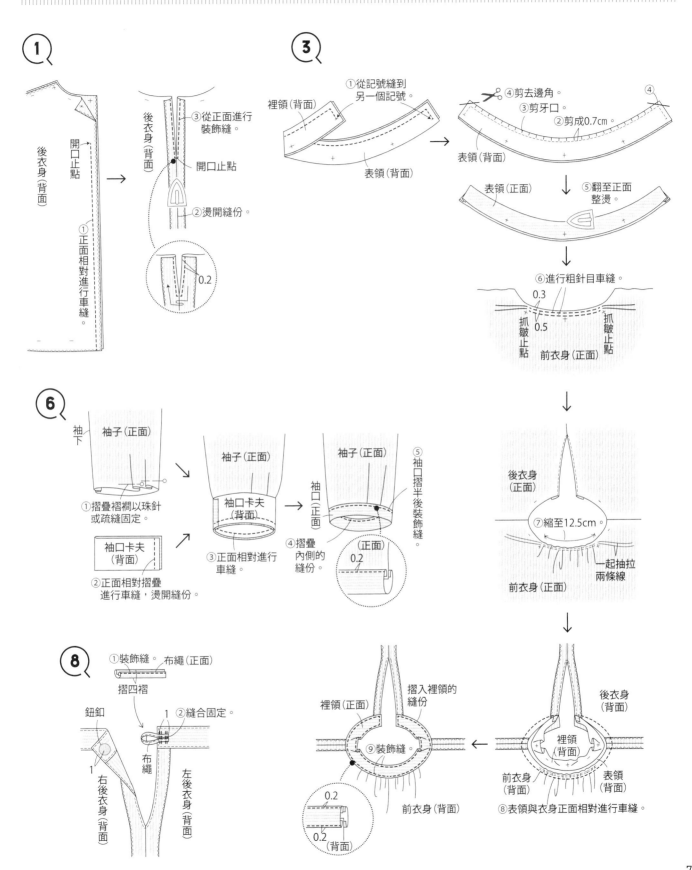

1

後衣身（背面）

開口止點

① 正面相對進行車縫。

③ 從正面進行裝飾縫。

後衣身（背面）

開口止點

② 燙開縫份。

0.2

3

① 從記號縫到另一個記號。

裡領（背面）

表領（背面）

✂ ④ 剪去邊角。
③ 剪牙口。
② 剪成0.7cm。
④

表領（正面）

⑤ 翻至正面整燙。

⑥ 進行粗針目車縫。

0.3
0.5

抓皺止點
抓皺止點

前衣身（正面）

後衣身（正面）

⑦ 縮至12.5cm。

一起抽拉兩條線

前衣身（正面）

6

袖下
袖子（正面）

① 摺疊褶襉以珠針或疏縫固定。

袖口卡夫（背面）

袖子（正面）

袖口卡夫（背面）

③ 正面相對進行車縫。

② 正面相對摺疊進行車縫，燙開縫份。

袖子（正面）

袖口（正面）

④ 摺疊內側的縫份。

⑤ 袖口摺半後裝飾縫。

（正面）

0.2

後衣身（背面）

摺入裡領的縫份

裡領（正面）

裡領（背面）

⑨ 裝飾縫。

前衣身（背面）

前衣身（背面）

表領（背面）

⑧ 表領與衣身正面相對進行車縫。

8

① 裝飾縫。
布繩（正面）

摺四褶

② 縫合固定。

鈕釦

1

布繩

右後衣身（背面）

1

左後衣身（背面）

0.2

0.2
（背面）

T恤風上衣a・b・c

製作順序

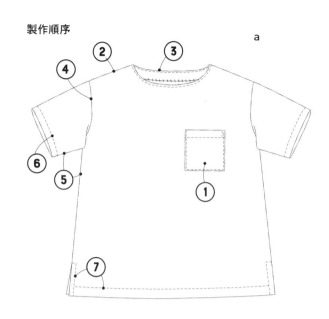

a

▶使用紙型（C面）

前衣身　後衣身　袖子　前貼邊　後貼邊　口袋

● 完成尺寸

M … 胸圍116.5cm　背中線到袖口長約46.5cm
　　 衣長a70cm／b67.5cm／c62cm

L … 胸圍120.5cm　背中線到袖口長約47.5cm
　　 衣長a70cm／b67.5cm／c62cm

LL…胸圍126.5cm　背中線到袖口長約48.5cm
　　 衣長a70cm／b67.5cm／c62cm

材料

a　二重紗…120cm寬　190cm

b　二重紗…120cm寬　180cm

c　二重紗…120cm寬　170cm

接著襯（織布材質）…70×15cm

製作重點

作品a・b・c衣長不同，且a・b脇邊開衩。
其餘作法三款都一樣。

作法

＊於各貼邊的背面燙貼接著襯。
＊肩部・脇邊（含開衩部分）・袖下的縫份
進行Z字縫（或拷克）。

裁布圖

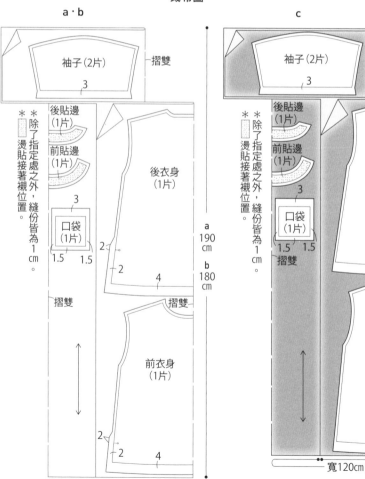

① 製作口袋縫至左胸。

② 車縫肩線，燙開縫份。→p.51①

③ 車縫領口。→p.51②

④ 車縫袖下至脇邊。→p.51③

⑤ 車縫袖下至脇邊。→p.52④，
　 但a・b是車縫至開衩止點。

⑥ 處理袖口。→p.52⑤

⑦ c是處理下襬。→p.52⑥
　 a・b是處理下襬與開衩開口。

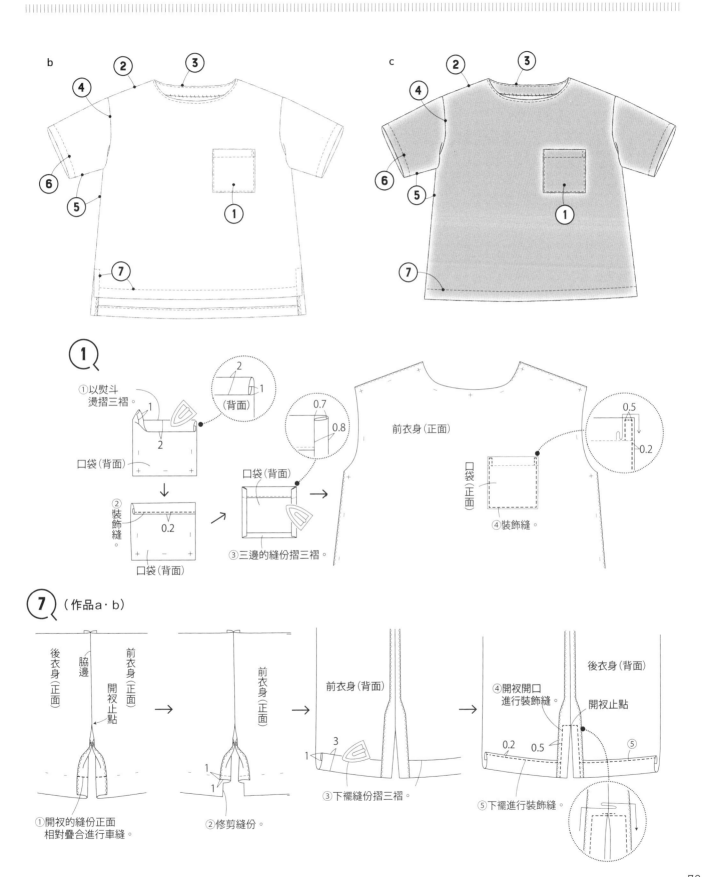

b

② ③ ④ ⑥ ⑤ ⑦ ①

c

② ③ ④ ⑥ ⑤ ⑦ ①

①

①以熨斗
燙摺三褶。

2
1
(背面)

口袋(背面)

2
1

②
裝飾縫。

0.2

口袋(背面)

口袋(背面)

0.7
0.8

口袋(背面)

③三邊的縫份摺三褶。

前衣身(正面)

0.5
0.2

口袋(正面)

④裝飾縫。

⑦ (作品a‧b)

後衣身(正面)
脇邊
前衣身(正面)
開衩止點

①開衩的縫份正面
相對疊合進行車縫。

前衣身(正面)

1
1

②修剪縫份。

前衣身(背面)

3
1

③下襬縫份摺三褶。

後衣身(背面)

④開衩開口
進行裝飾縫。

開衩止點

0.2 0.5

⑤

⑤下襬進行裝飾縫。

褶襴裙

● 完成尺寸
M至LL… 臀圍106cm
裙長72cm

材料

木棉 藍色段染…寬110cm 230cm
木棉 黑色…35×120cm（下襬布）
鬆緊帶…寬3cm 適量

製作重點

＊參見製圖與裁布圖裁剪。
＊試穿後再決定鬆緊帶長度。
＊直紋裁剪時，使用寬120cm以上的布。
＊扁平包的作法參見p.82。

作法

＊除了腰部以外，下襬布四周的縫份進行Z
字形車縫（或拷克）。

1 車縫裙身與下襬布。

2 摺疊褶襴。

3 車縫脇邊。

4 處理下襬。

5 處理腰部。

6 腰部穿入鬆緊帶。

製圖

右脇摺雙　腰部貼邊(1片)　左脇
4
前・後中央摺雙
53

4 5 5 5 5 5 5 5 5 2.5 2.5
12
止縫點
前・後中央摺雙
前裙片・後裙片
（各1片）
62
72
脇邊
10
下襬布(2片)
54

車縫順序

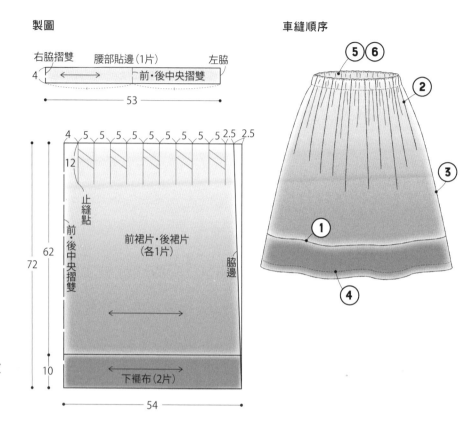

裁布圖

表布　　　　　　　除了指定處之外，縫份皆為1cm。

摺雙
腰部貼邊(1片)
前裙片
後裙片
(各1片)
230cm
前・後中央
1.5
p.23扁平包裁布圖
本體(2片)
1.5
寬110cm

配布

前・後下襬布(2片)
前・後中央
120cm
3
摺雙
35

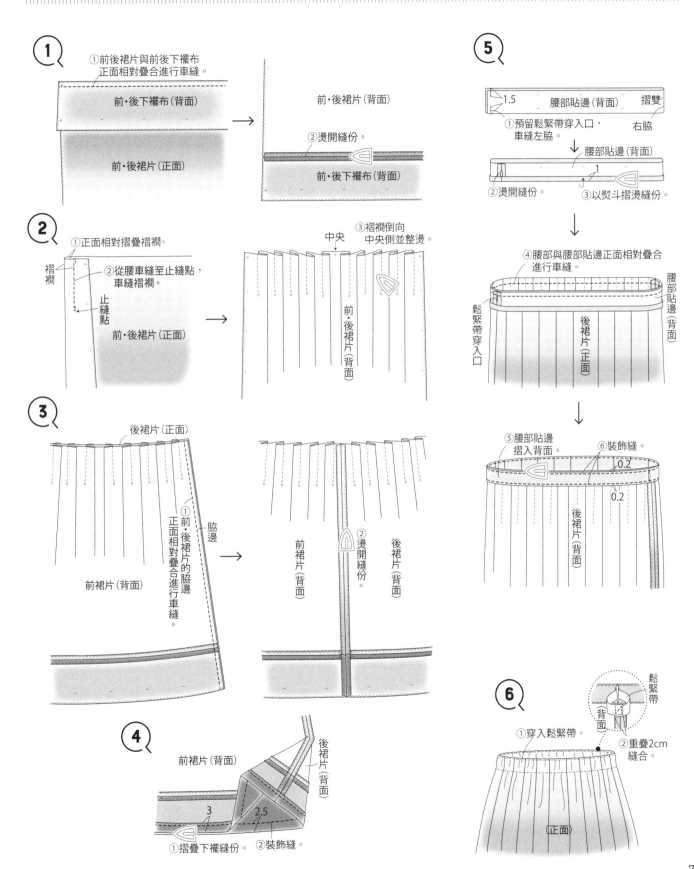

1

①前後裙片與前後下襬布正面相對疊合進行車縫。

前・後下襬布(背面)

前・後裙片(正面)

前・後裙片(背面)

②燙開縫份。

前・後下襬布(背面)

2

①正面相對摺疊褶襉。

褶襉

②從腰車縫至止縫點，車縫褶襉。

止縫點

前・後裙片(正面)

中央

③褶襉倒向中央側並整燙。

前・後裙片(背面)

3

後裙片(正面)

①前・後裙片的脇邊正面相對疊合進行車縫。

脇邊

前裙片(背面)

前裙片(背面)

②燙開縫份。

後裙片(背面)

4

前裙片(背面)

後裙片(背面)

3

2.5

①摺疊下襬縫份。

②裝飾縫。

5

1.5 腰部貼邊(背面) 摺雙

右脇

①預留鬆緊帶穿入口，車縫左脇。

腰部貼邊(背面)

1

②燙開縫份。

③以熨斗摺燙縫份。

④腰部與腰部貼邊正面相對疊合進行車縫。

腰部貼邊(背面)

鬆緊帶穿入口

後裙片(正面)

⑤腰部貼邊摺入背面。

⑥裝飾縫。

0.2

0.2

後裙片(背面)

6

鬆緊帶

背面

①穿入鬆緊帶。

②重疊2cm縫合。

(正面)

八分褲

▶使用紙型（A面）
前褲片　後褲片　後口袋

● 完成尺寸
M … 臀圍105cm 褲長75.5cm
L … 臀圍109cm 褲長76.5cm
LL… 臀圍115cm 褲長77.5cm

材料
原色
麻…寬135cm　180cm
天藍色
麻…寬165cm　120cm
鬆緊帶…寬3cm　適量

製作重點
試穿後再決定鬆緊帶長度。

作法
＊脇邊・股下的縫份進行Z字形車縫（或拷克）。

① 製作口袋並接縫。

② 車縫脇邊。

③ 車縫股下。

④ 處理下襬。

⑤ 車縫股溝。

⑥ 處理腰部。

⑦ 腰部穿入鬆緊帶。

裁布圖　原色

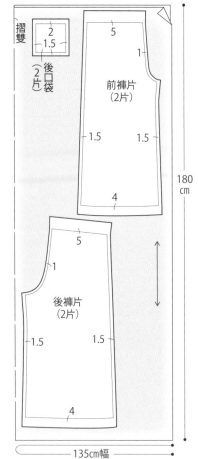

裁布圖　天空藍

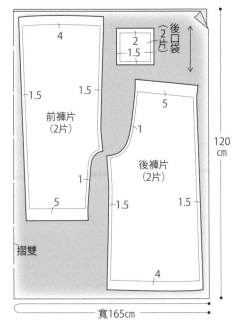

車縫順序

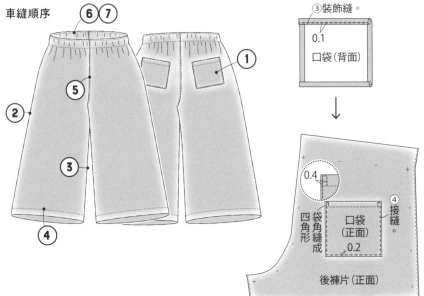

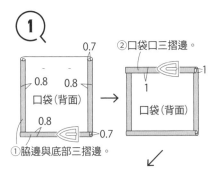

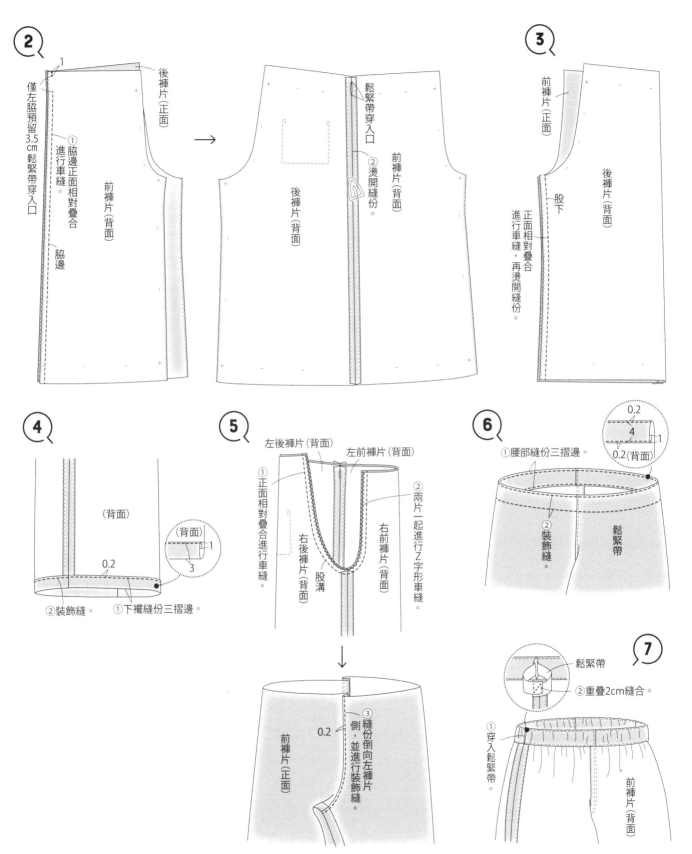

2

僅左脇預留3.5cm鬆緊帶穿入口

① 脇邊正面相對疊合進行車縫。

前褲片（背面）

後褲片（正面）

脇邊

→

後褲片（背面）

鬆緊帶穿入口

② 燙開縫份。

前褲片（背面）

3

前褲片（正面）

後褲片（背面）

股下

① 正面相對疊合，再燙開縫份。

4

（背面）

0.2

（背面）
1
3

② 裝飾縫。　① 下襬縫份三摺邊。

5

左後褲片（背面）　左前褲片（背面）

① 正面相對疊合進行車縫。

右後褲片（背面）

股溝

② 兩片一起進行Z字形車縫。

右前褲片（背面）

↓

前褲片（正面）

0.2

③ 縫份倒向左褲片側，並進行裝飾縫。

6

① 腰部縫份三摺邊。

0.2
4
1
0.2（背面）

② 裝飾縫。

鬆緊帶

7

鬆緊帶

② 重疊2cm縫合。

① 穿入鬆緊帶。

前褲片（背面）

直筒褲

▶使用紙型（B面）
前褲片　後褲片　口袋　口袋口貼邊

● 完成尺寸
M … 臀圍103cm　褲長90cm
L … 臀圍107cm　褲長91cm
LL… 臀圍113cm　褲長92cm

材料

靛藍色
軟丹寧…寬145cm　180cm
淺褐色
棉麻…寬110cm　210cm
鬆緊帶…寬3cm　適量

製作重點

試穿後再決定鬆緊帶長度。

作法

＊脇邊・股下・口袋的接縫腰部部分與口袋
口以外，口袋口貼邊接縫腰部部分與口袋口
以外的縫份進行Z字形車縫（或拷克）。

① 製作口袋並接縫。

② 車縫脇邊。

③ 車縫股下。

④ 處理下襬。

⑤ 車縫股溝。

⑥ 處理腰部。

⑦ 腰部穿入鬆緊帶。

裁布圖　靛藍色

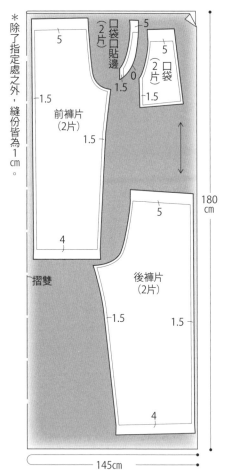

＊除了指定處之外，縫份皆為1cm。

口袋口貼邊（2片）

5

前褲片（2片）

5

1.5

1.5

口袋（2片）

5

0

1.5

1.5

後褲片（2片）

5

4

1.5

1.5

摺雙

4

180cm

145cm

裁布圖　淺褐色

＊除了指定處之外，縫份皆為1cm。

5

前褲片（2片）

1.5

口袋口貼邊（2片）

5

5

口袋（2片）

0

1.5

1.5

4

後褲片（2片）

1.5

1.5

摺雙

5

210cm

4

寬110cm

車縫順序

⑥⑦

①

⑤

②

③

④

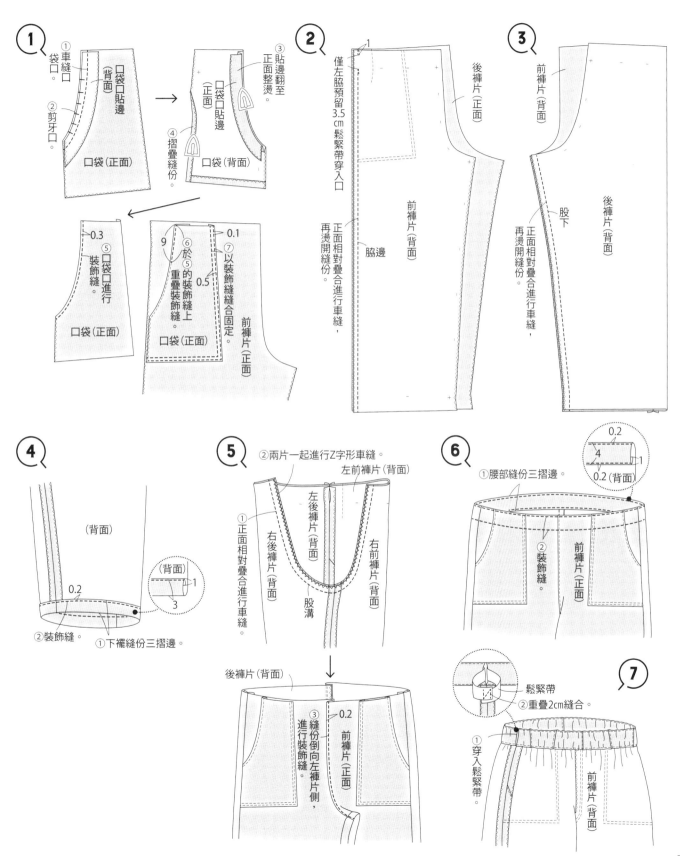

1

① 車縫口袋口。
② 剪牙口。

口袋口貼邊（背面）

口袋（正面）

③ 貼邊翻至正面整燙。

口袋口貼邊（正面）

④ 摺疊縫份。

口袋（背面）

⑤ 口袋口進行裝飾縫。

0.3

口袋（正面）

⑥ 於⑤的裝飾縫上重疊裝飾縫。

9

0.1

0.5

⑦ 以裝飾縫縫合固定。

口袋（正面）

前褲片（正面）

2

1

僅左脇預留3.5cm鬆緊帶穿入口

正面相對疊合進行車縫，再燙開縫份。

脇邊

前褲片（背面）

後褲片（正面）

3

前褲片（背面）

股下

正面相對疊合進行車縫，再燙開縫份。

後褲片（背面）

4

（背面）

0.2

（背面）

1

3

② 裝飾縫。

① 下襬縫份三摺邊。

5

② 兩片一起進行Z字形車縫。

左前褲片（背面）

左後褲片（背面）

右後褲片（背面）

右前褲片（背面）

① 正面相對疊合進行車縫。

股溝

後褲片（背面）

③ 縫份倒向左褲片側，進行裝飾縫。

0.2

前褲片（正面）

6

① 腰部縫份三摺邊。

0.2

4

1

0.2（背面）

② 裝飾縫。

前褲片（正面）

鬆緊帶

② 重疊2cm縫合。

① 穿入鬆緊帶

前褲片（背面）

7

氣球褲

▶使用紙型（A面）
前褲片　後褲片　口袋脇邊布　口袋口貼邊

● 完成尺寸
M …臀圍100cm　褲長80.5cm
L …臀圍104cm　褲長81.5cm
LL…臀圍110cm　褲長82.5cm

材料

麻…寬145cm　140cm
鬆緊帶…寬3cm　適量

製作重點

試穿後再決定鬆緊帶長度。

作法

＊脇邊・股下・口袋口貼邊的口袋口與腰部
以外的縫份、口袋脇邊布的腰部以外的縫份
進行Z字形車縫（或拷克）。

① 製作口袋並接縫。

② 摺疊下襬的褶襉。

③ 車縫脇邊。

④ 車縫股下。

⑤ 處理下襬。

⑥ 車縫股溝。

⑦ 處理腰部。

⑧ 腰部穿入鬆緊帶。

車縫順序

裁布圖

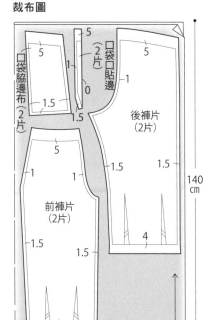

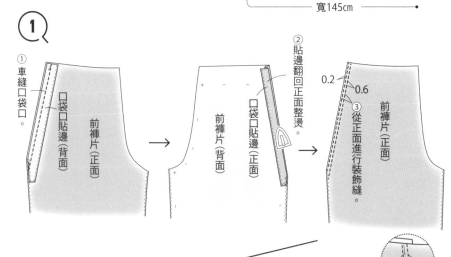

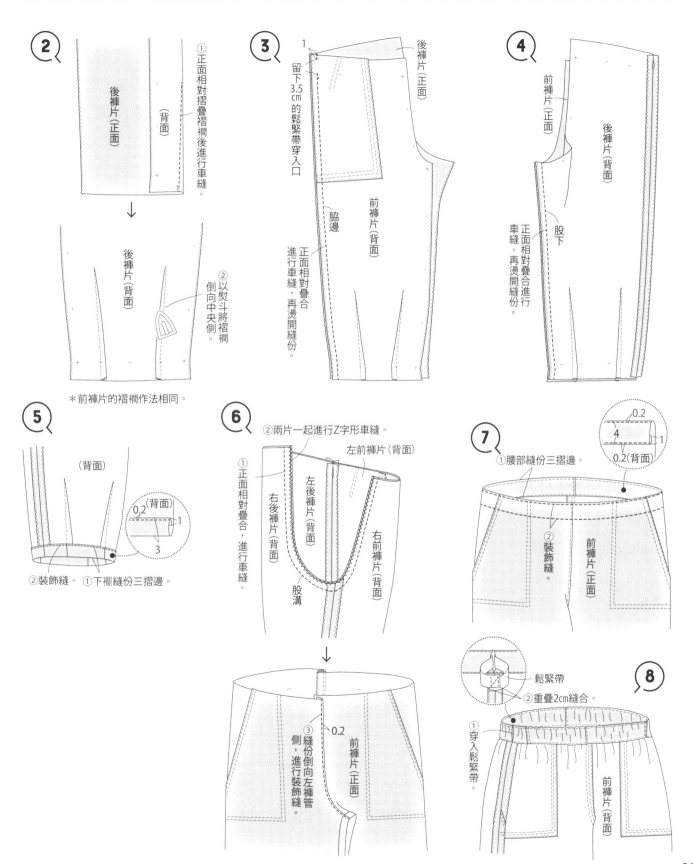

②

後褲片（正面）

（背面）

① 正面相對摺疊褶襇後進行車縫。

後褲片（背面）

② 以熨斗將褶襇倒向中央側。

③

1

留下3.5㎝的鬆緊帶穿入口

後褲片（正面）

脇邊

前褲片（背面）

正面相對疊合進行車縫，再燙開縫份。

④

前褲片（正面）

股下

後褲片（背面）

正面相對疊合進行車縫，再燙開縫份。

＊前褲片的褶襇作法相同。

⑤

（背面）

0.2（背面）
1
3

② 裝飾縫。 ① 下襬縫份三摺邊。

⑥

② 兩片一起進行Z字形車縫。

左前褲片（背面）

① 正面相對疊合，進行車縫。

右後褲片（背面）

左後褲片（背面）

右前褲片（背面）

股溝

前褲片（正面）

③ 縫份倒向左褲管側，進行裝飾縫。

0.2

⑦

0.2
4
0.2（背面）
1

① 腰部縫份三摺邊。

② 裝飾縫。

前褲片（正面）

⑧

鬆緊帶

② 重疊2㎝縫合。

① 穿入鬆緊帶

前褲片（背面）

扁平包

● 完成尺寸
42×43cm

材料

木棉　藍色段染…46×90cm（本體）
木棉　灰色…55×30cm
（貼邊、提把）

作法

＊參見裁布圖裁剪各部件（裁布圖參見p.74）。

① 製作兩條提把。

② 將兩片本體進行袋縫。

③ 製作貼邊。

④ 提把與貼邊接縫至本體。

裁布圖

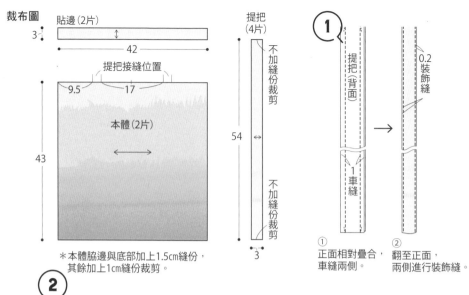

貼邊(2片)
3
42
提把接縫位置
9.5　17
本體(2片)
43
提把(4片)
不加縫份裁剪
54
不加縫份裁剪
3

＊本體脇邊與底部加上1.5cm縫份，其餘加上1cm縫份裁剪。

① 正面相對疊合，車縫兩側。
② 翻至正面，兩側進行裝飾縫。
提把(背面)
1車縫
0.2裝飾縫

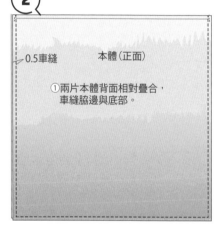

② 0.5車縫　本體(正面)
①兩片本體背面相對疊合，車縫脇邊與底部。

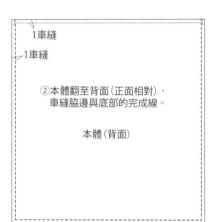

1車縫
1車縫
②本體翻至背面（正面相對），車縫脇邊與底部的完成線。
本體(背面)

③ 縫成輪狀，縫份倒向單側
貼邊(背面)　1

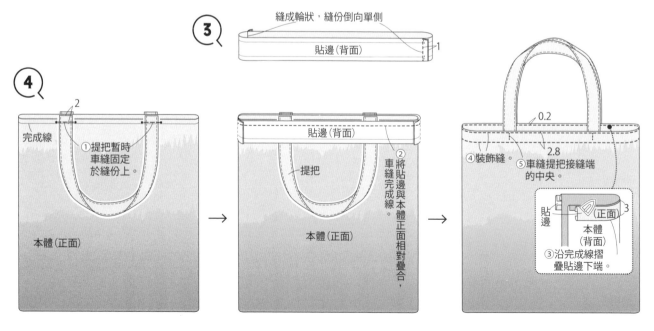

④ 2
完成線
①提把暫時車縫固定於縫份上。
本體(正面)

貼邊(背面)
提把
②將貼邊與本體正面相對疊合，車縫完成線。
本體(正面)

0.2
④裝飾縫　2.8
⑤車縫提把接縫端的中央。
貼邊
本體(背面)
3
③沿完成線摺疊貼邊下端。

透明波奇包

口布(表布)(接著襯) 各1枚
(裡布)

3

31

● 完成尺寸

大 高21cm 包口寬31cm 底側身8cm

小 高16cm 包口寬21cm 底側身5cm

脇邊(表布)
(接著襯)
(裡布)
各2片

12

4

本體前
(透明塑膠布1片)

23

材料

大

塑膠布 透明…厚0.1cm
 25×15cm(本體前)

木棉
 印花圖案…40×45cm(表本體)
 大圓點…55×45cm(裡本體、側身用斜布條)
 小圓點…15×7cm(耳絆)

接著襯(織布材質)…35×40cm

棉織帶…寬2cm 70cm(提把用)

拉鍊…長30cm 1條

5

耳絆
2片

5

提把(棉織帶)2片

縫份 提把 縫份

2
1 10 12.5 10 1

縫合固定位置

34.5

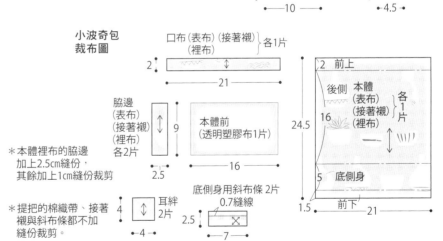

2.5 前上
2 上側身
10 10
握把接縫位置
後側 本體
(表布)(接著襯)
(裡布) 各1片

21

35.5

8 底側身

2 前下

31

小

塑膠布 透明…18×11cm(本體前)

木棉
 印花圖案…28×31cm(表本體)
 格紋…40×31cm
 (裡本體、側身用斜布條)
 針腳圖案…12×6cm(耳絆)

接著襯(織布材質)…21×27cm

拉鍊…長20cm 1條

底側身用斜布條
2片
0.7縫線
2.5
10

上側身用斜布條
2片
0.7縫線
2.5
4.5

作法

＊於各部件的表布背面燙貼不加縫份裁剪的
接著襯。

＊參見裁布圖裁剪各部件。

小波奇包
裁布圖

口布(表布)(接著襯) 各1片
(裡布)

2

21

脇邊
(表布)
(接著襯)
(裡布)
各2片

9

2.5

本體前
(透明塑膠布1片)

16

＊本體裡布的脇邊
 加上2.5cm縫份,
 其餘加上1cm縫份裁剪。

＊提把的棉織帶、接著
 襯與斜布條都不加
 縫份裁剪。

4

耳絆
2片

4

底側身用斜布條 2片
0.7縫線
2.5
7

2 前上
後側 本體
(表布)
(接著襯)
(裡布)
各1片

16

24.5

5 底側身

1.5 前下

21

大

① 脇邊布縫合於前本體。

② 縫合拉鍊與口布。

③ 縫合①與②。

④ 縫合③與本體。

⑤ 製作提把。

⑥ 製作耳絆。

⑦ 車縫兩脇邊。

⑧ 車縫側身。

小

除了不接縫上側身之外,其餘作法相同。

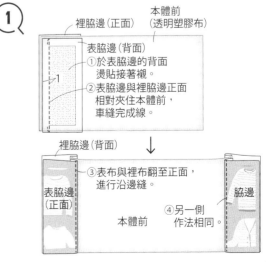

① 裡脇邊(正面) 本體前(透明塑膠布)

表脇邊(背面)
①於表脇邊的背面
燙貼接著襯。
②表脇邊與裡脇邊正面
相對夾住本體前,
車縫完成線。

1

裡脇邊(背面)

表脇邊
(正面)

③表布與裡布翻至正面,
進行沿邊縫。

本體前

④另一側
作法相同。

脇邊

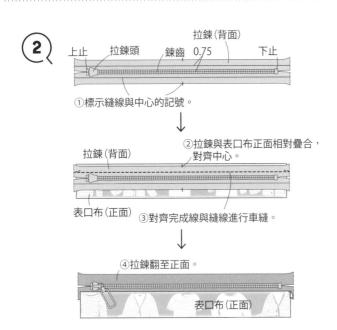

②

上止　拉鍊頭　鍊齒　0.75　　拉鍊(背面)　下止

①標示縫線與中心的記號。

↓

拉鍊(背面)　②拉鍊與表口布正面相對疊合，對齊中心。

表口布(正面)　③對齊完成線與縫線進行車縫。

↓

④拉鍊翻至正面。

表口布(正面)

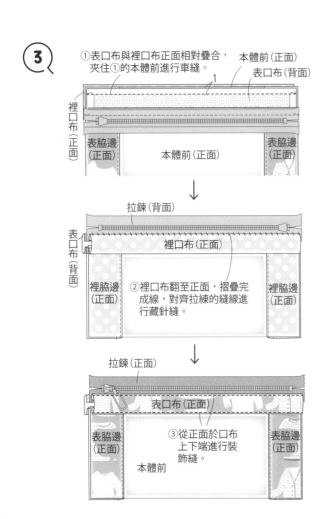

③

①表口布與裡口布正面相對疊合，夾住①的本體前進行車縫。　本體前(正面)　表口布(背面)

裡口布(正面)　表脇邊(正面)　本體前(正面)　表脇邊(正面)　1

↓

拉鍊(背面)

表口布(背面)　裡口布(正面)

裡脇邊(正面)　②裡口布翻至正面，摺疊完成線，對齊拉鍊的縫線進行藏針縫。　裡脇邊(正面)

↓

拉鍊(正面)

表口布(正面)

表脇邊(正面)　③從正面於口布上下端進行裝飾縫。　表脇邊(正面)

本體前

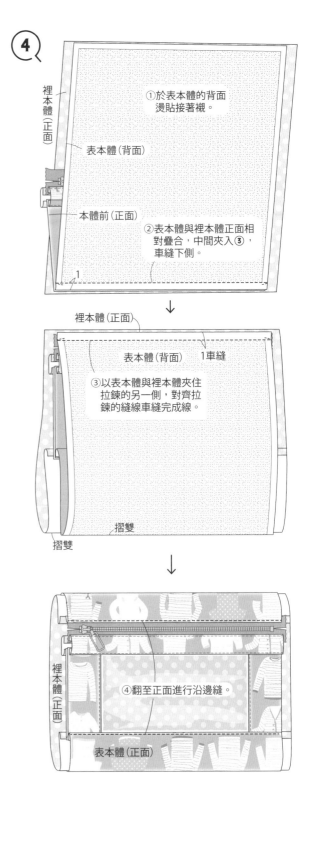

④

裡本體(正面)　表本體(背面)　①於表本體的背面燙貼接著襯。

本體前(正面)　②表本體與裡本體正面相對疊合，中間夾入③，車縫下側。　1

↓

裡本體(正面)　表本體(背面)　1車縫

③以表本體與裡本體夾住拉鍊的另一側，對齊拉鍊的縫線車縫完成線。

摺雙　摺雙

↓

裡本體(正面)　④翻至正面進行沿邊縫。　表本體(正面)

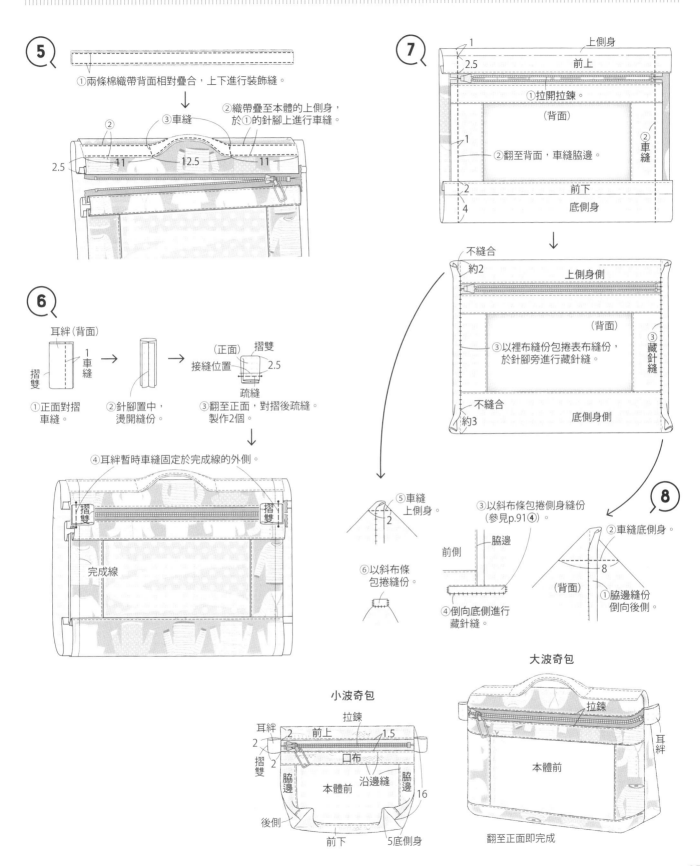

⑤

①兩條棉織帶背面相對疊合，上下進行裝飾縫。

②織帶疊至本體的上側身，於①的針腳上進行車縫。

②　③車縫

2.5　11　12.5　11

⑥

耳絆（背面）

1車縫

摺雙　摺雙

①正面對摺車縫。

②針腳置中，燙開縫份。

（正面）摺雙

接縫位置　2.5

疏縫

③翻至正面，對摺後疏縫。製作2個。

④耳絆暫時車縫固定於完成線的外側。

摺雙　摺雙

完成線

⑦

1　上側身

2.5　前上

①拉開拉鍊。

（背面）

②車縫

1

②翻至背面，車縫脇邊。

2　前下

4　底側身

不縫合

約2　上側身側

（背面）

③以裡布縫份包捲表布縫份，於針腳旁進行藏針縫。

③藏針縫

不縫合

約3　底側身側

⑤車縫上側身。

2

⑥以斜布條包捲縫份。

③以斜布條包捲側身縫份（參見p.91④）。

前側　脇邊

④倒向底側進行藏針縫。

⑧

②車縫底側身。

8

（背面）

①脇邊縫份倒向後側。

小波奇包

耳絆

2　前上

2　2　1.5

摺雙

拉鍊

口布

脇邊　脇邊

沿邊縫

本體前　16

後側

前下　5底側身

大波奇包

拉鍊

耳絆

本體前

翻至正面即完成

單柄包

▶使用紙型（A面）

本體　側身‧提把　外口袋　內口袋　側身口袋

＊斜布條參見裁布圖與p.95「斜布條作法」直接裁剪。

● 完成尺寸（提把除外）

高20cm　包口寬18cm　側身底寬10cm

材料

木棉　印花圖案…55×95cm（表本體、表側身‧提把、表外口袋、表側身口袋、斜布條）

木棉　格紋…35×95cm（裡本體、裡側身‧提把、裡外口袋、內口袋、裡側身口袋）

棉織帶…寬1.5cm　7.5cm（耳絆）

塑膠四合釦（免工具one touch式）

古董金…直徑1.4 cm 1組

隱形磁釦…直徑1 cm 1組

作法

＊斜布條參見裁布圖直接裁剪。側身‧提把的包邊布條接合成95cm長（參見p.95「斜布條作法」）。

1. 製作外口袋與內口袋。

2. 內口袋縫上耳絆。

3. 本體前側裝上隱形磁釦。

4. 本體前‧後口側進行包邊。

5. 外口袋與內口袋暫時車縫固定於本體前側。

6. 製作側身口袋。

7. 製作側身‧提把。

8. 縫合本體與側身‧提把。

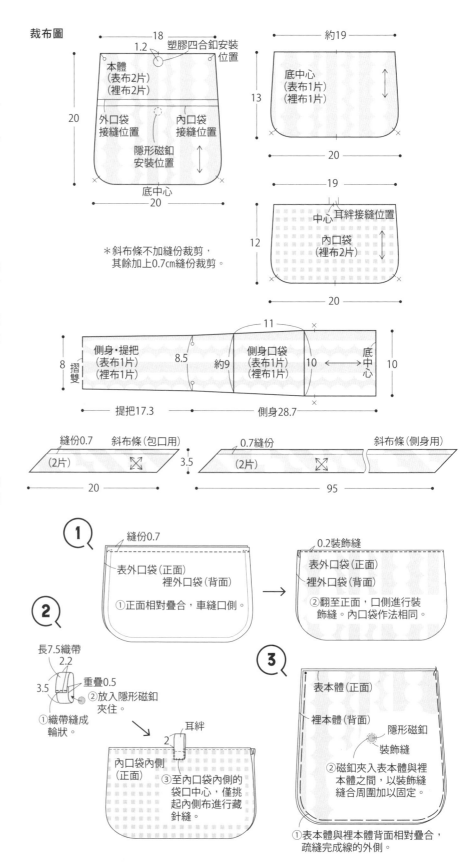

裁布圖

本體（表布2片）（裡布2片）

塑膠四合釦安裝位置

外口袋接縫位置　　內口袋接縫位置

隱形磁釦安裝位置

底中心

＊斜布條不加縫份裁剪，其餘加上0.7cm縫份裁剪。

底中心（表布1片）（裡布1片）

中心　耳絆接縫位置

內口袋（裡布2片）

側身‧提把（表布1片）（裡布1片）　摺雙

側身口袋（表布1片）（裡布1片）

底中心

提把17.3　　側身28.7

縫份0.7　斜布條（包口用）（2片）

0.7縫份　斜布條（側身用）（2片）

① 縫份0.7

表外口袋（正面）裡外口袋（背面）

①正面相對疊合，車縫口側。

0.2裝飾縫

表外口袋（正面）裡外口袋（背面）

②翻至正面，口側進行裝飾縫。內口袋作法相同。

② 長7.5織帶 2.2　3.5　重疊0.5

②放入隱形磁釦夾住。

①織帶縫成輪狀。

耳絆 2

內口袋內側（正面）

③至內口袋內側的袋口中心，僅挑起內側布進行藏針縫。

③ 表本體（正面）裡本體（背面）

隱形磁釦　裝飾縫

②磁釦夾入表本體與裡本體之間，以裝飾縫縫合周圍加以固定。

①表本體與裡本體背面相對疊合，疏縫完成線的外側。

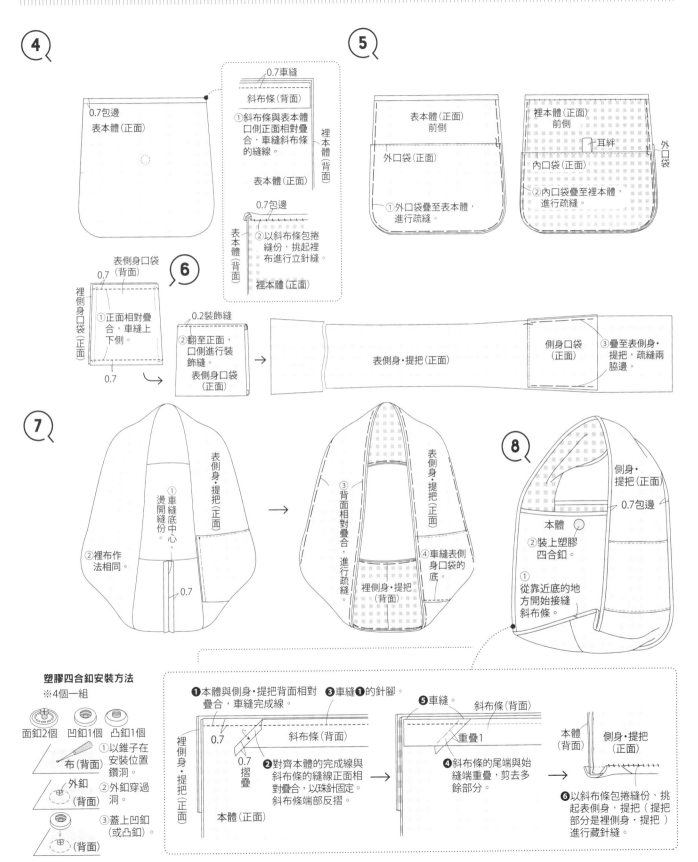

④

0.7包邊
表本體(正面)

0.7車縫
斜布條(背面)
①斜布條與表本體口側正面相對疊合，車縫斜布條的縫線。
裡本體(背面)
表本體(正面)

0.7包邊
②以斜布條包捲縫份，挑起裡布進行立針縫。
表本體(背面)
裡本體(正面)

⑤

表本體(正面)前側
外口袋(正面)
①外口袋疊至表本體，進行疏縫。

裡本體(正面)前側
耳絆
內口袋(正面)
外口袋
②內口袋疊至裡本體，進行疏縫。

表側身口袋(背面)
0.7
裡側身口袋(正面)
①正面相對疊合，車縫上下側。
0.7

⑥

0.2裝飾縫
②翻至正面，口側進行裝飾縫。
表側身口袋(正面)

表側身・提把(正面)

側身口袋(正面)
③疊至表側身・提把，疏縫兩脇邊。

⑦

①車縫底中心，燙開縫份。
表側身・提把(正面)
②裡布作法相同。
0.7

③背面相對疊合，進行疏縫。
表側身・提把(正面)
④車縫表側身口袋的底。
裡側身・提把(背面)

⑧

側身・提把(正面)
0.7包邊
本體
②裝上塑膠四合釦。
①從靠近底的地方開始接縫斜布條。

塑膠四合釦安裝方法
※4個一組
面釦2個　凹釦1個　凸釦1個
布(背面)
①以錐子在安裝位置鑽洞。
外釦(背面)
②外釦穿過洞。
③蓋上凹釦(或凸釦)。
(背面)

❶本體與側身・提把背面相對疊合，車縫完成線。
裡側身・提把(正面)
0.7
0.7摺疊
斜布條(背面)
本體(正面)
❷對齊本體的完成線與斜布條的縫線正面相對疊合，以珠針固定。斜布條端部反摺。

❸車縫❶的針腳。
❺車縫。
斜布條(背面)
重疊1
❹斜布條的尾端與始縫端重疊，剪去多餘部分。

本體(背面)
側身・提把(正面)
❻以斜布條包捲縫份，挑起表側身，提把(提把部分是裡側身・提把)進行藏針縫。

方形手提包

裁布圖

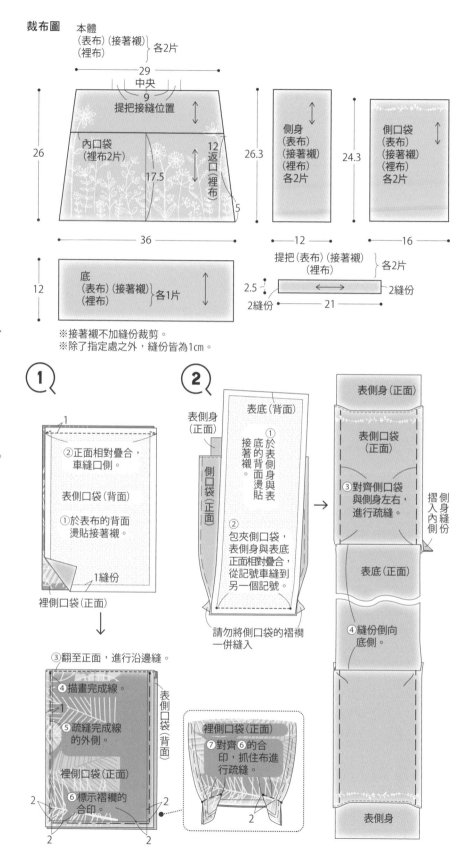

本體
（表布）（接著襯）
（裡布）各2片

29
中央
9
提把接縫位置
內口袋
（裡布2片）
12 返口（裡布）
26
17.5
5

26.3
側身
（表布）
（接著襯）
（裡布）
各2片

24.3
側口袋
（表布）
（接著襯）
（裡布）
各2片

36

底
（表布）（接著襯）
（裡布）各1片
12

12
16

提把（表布）（接著襯）
（裡布）各2片
2.5
2縫份
21
2縫份

※接著襯不加縫份裁剪。
※除了指定處之外，縫份皆為1cm。

▶使用紙型（D面）
本體　內口袋

● 完成尺寸
高26cm　寬40cm　側身寬12cm

材料

棉麻　條紋印花…寬110cm　55cm
（表本體、表底、表側身、表側口袋、提把表布）

木棉　圖案布…110cm寬　65cm
（裡本體、裡底、裡側身、裡側口袋、內口袋、提把裡布）

接著襯（織布材質）…90×55cm

作法

＊側身、側口袋、底、提把不製作紙型，參見裁布圖直接裁布。
＊於表布的背面燙貼不加縫份裁剪的接著襯。

① 製作側口袋。

② 縫合表側身與表底。

③ 表布縫成袋狀。

④ 製作提把。

⑤ 裡布縫成袋狀。

⑥ 疊合表袋與裡袋，完成。

① ②正面相對疊合，車縫口側。

表側口袋（背面）

①於表布的背面燙貼接著襯。

1縫份

裡側口袋（正面）

③翻至正面，進行沿邊縫。

④描畫完成線。

⑤疏縫完成線的外側。

裡側口袋（正面）

⑥標示褶襉的合印。

表側口袋（背面）

② 表底（背面）

①於表側身與表底的背面燙貼接著襯。

②包夾側口袋，表側身與表底正面相對疊合，從記號車縫到另一個記號。

請勿將側口袋的褶襉一併縫入

裡側口袋（正面）

⑦對齊⑥的合印，抓住布進行疏縫。

表側身（正面）

表側口袋（正面）

③對齊側口袋與側身左右，進行疏縫。

摺入內側 側身縫份

表底（正面）

④縫份倒向底側。

表側身

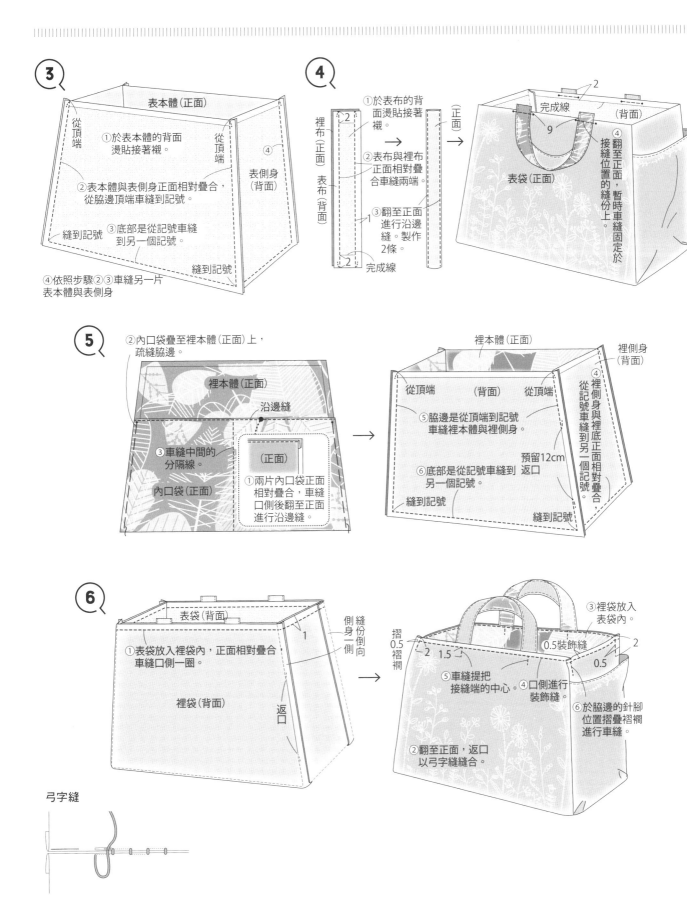

3

①於表本體的背面燙貼接著襯。

表本體（正面）

從頂端

從頂端

④

表側身（背面）

②表本體與表側身正面相對疊合，從脇邊頂端車縫到記號。

③底部是從記號車縫到另一個記號。

縫到記號

縫到記號

④依照步驟②③車縫另一片表本體與表側身

4

①於表布的背面燙貼接著襯。

裡布（正面）

表布（背面）

2

2

完成線

1

→

（正面）

②表布與裡布正面相對疊合車縫兩端。

③翻至正面進行沿邊縫。製作2條。

→

2

完成線

（背面）

9

表袋（正面）

④翻至正面，暫時車縫固定於接縫位置的縫份上。

5

②內口袋疊至裡本體（正面）上，疏縫脇邊。

裡本體（正面）

沿邊縫

③車縫中間的分隔線。

內口袋（正面）

（正面）

①兩片內口袋正面相對疊合，車縫口側後翻至正面進行沿邊縫。

→

裡本體（正面）

裡側身（背面）

從頂端

（背面）

從頂端

④裡側身與裡底正面相對疊合從記號車縫到另一個記號。

⑤脇邊是從頂端到記號車縫裡本體與裡側身。

⑥底部是從記號車縫到另一個記號

預留12cm返口

縫到記號

縫到記號

6

表袋（背面）

①表袋放入裡袋內，正面相對疊合車縫口側一圈。

裡袋（背面）

側身一側

縫份倒向

1

返口

③裡袋放入表袋內。

摺0.5褶襉

2 1.5

0.5裝飾縫

2

0.5

⑤車縫提把接縫端的中心。

④口側進行裝飾縫。

⑥於脇邊的針腳位置摺疊褶襉進行車縫。

②翻至正面，返口以弓字縫縫合。

弓字縫

尼龍包

▶使用紙型（A面）
本體　內口袋

● 完成尺寸
大　寬36.5cm　脇邊高34.5cm
　　側身寬8cm
小　寬29.5cm　脇邊高27.75cm
　　側身寬6.5cm

【材料】
大
尼龍布…寬110cm　65cm
斜布條（兩摺式）
　黑色…寬0.8cm　140cm
小
尼龍布…寬110cm　50cm
斜布條（兩摺式）
　灰色…寬0.8cm　130cm

【作法】
＊參見原寸紙型與加上縫份圖示裁剪各部件。當布的圖案有方向性時，需方向一致的裁剪。
＊側身用包邊布參見裁布圖直接裁布。

① 製作內口袋。

② 車縫本體脇邊與底並處理縫份。

③ 車縫提把

④ 車縫側身與處理縫份。

⑤ 提把的脇邊與包口的縫份以包邊方式處理。

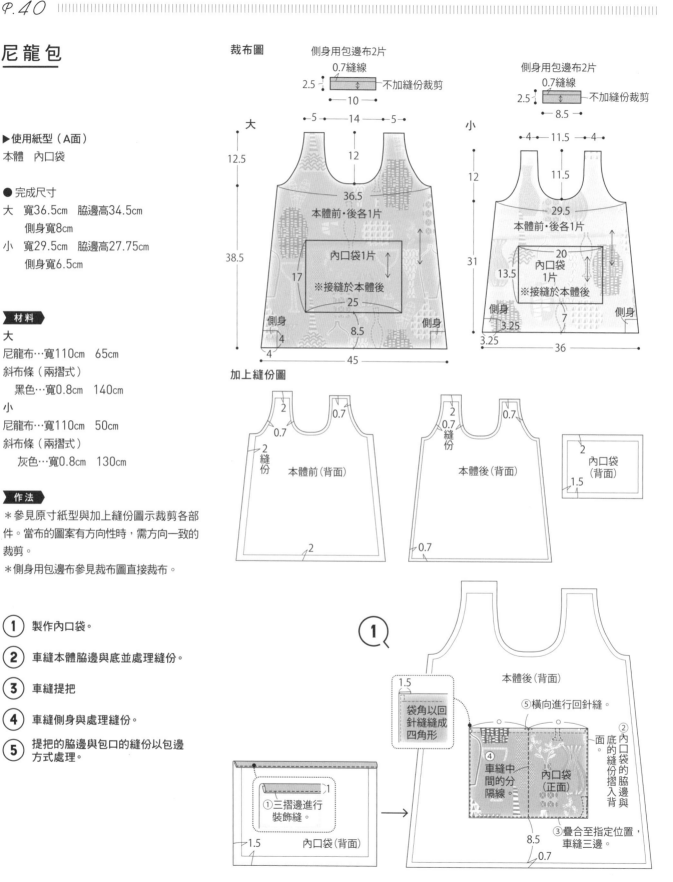

裁布圖

側身用包邊布2片
0.7縫線
2.5
10
不加縫份裁剪

側身用包邊布2片
0.7縫線
2.5
8.5
不加縫份裁剪

大
5　14　5
12.5
12
36.5
本體前・後各1片
38.5
內口袋1片
※接縫於本體後
17
25
側身
側身
4
4
8.5
45

小
4　11.5　4
12
11.5
29.5
本體前・後各1片
31
20
內口袋
1片
※接縫於本體後
13.5
側身
側身
3.25
7
3.25
36

加上縫份圖

2
0.7
2
縫份
本體前（背面）
2

2
0.7
縫份
0.7
本體後（背面）
0.7

2
內口袋
（背面）
1.5

① 製作內口袋

1.5
袋角以回針縫縫成四角形

① 三摺邊進行裝飾縫。
1
1.5
內口袋（背面）

本體後（背面）
⑤ 橫向進行回針縫。
② 內口袋的脇邊與袋底的縫份摺入背面。
④ 車縫中間的分隔線。
內口袋（正面）
③ 疊合至指定位置，車縫三邊。
8.5
0.7

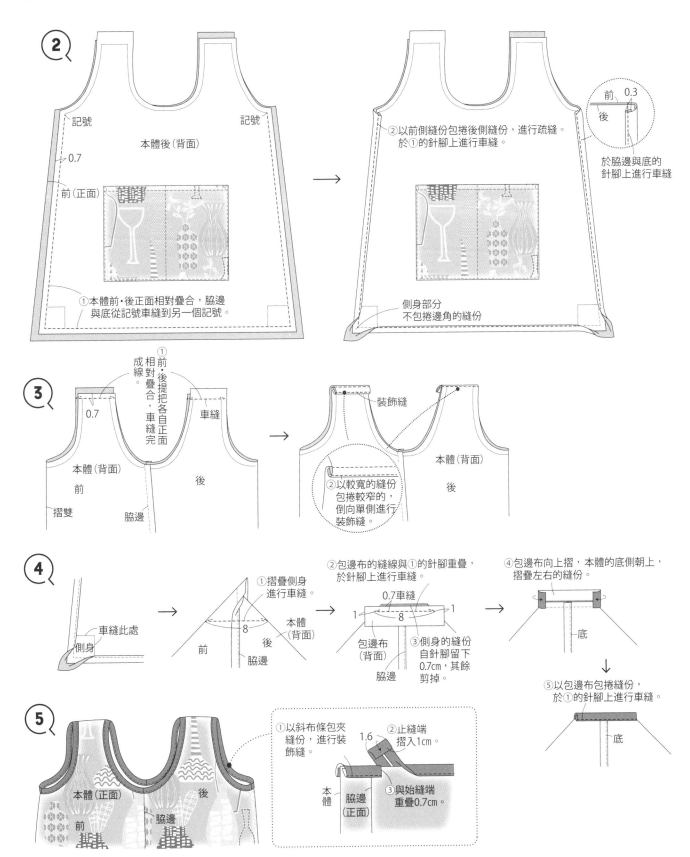

2

記號　記號
本體後（背面）
0.7
前（正面）

①本體前・後正面相對疊合，脇邊與底從記號車縫到另一個記號。

②以前側縫份包捲後側縫份，進行疏縫。於①的針腳上進行車縫。

前　0.3
後
於脇邊與底的針腳上進行車縫

側身部分
不包捲邊角的縫份

3

①
前・後提把各自正面相對疊合，車縫完成線。

0.7
車縫
本體（背面）
前　　後
摺雙　脇邊

裝飾縫
②以較寬的縫份包捲較窄的，倒向單側進行裝飾縫。
本體（背面）
後

4

車縫此處
側身

①摺疊側身進行車縫。
前　後
8
脇邊
本體（背面）

②包邊布的縫線與①的針腳重疊，於針腳上進行車縫。
0.7車縫
1　　　1
8
包邊布（背面）
脇邊
③側身的縫份自針腳留下0.7cm，其餘剪掉。

④包邊布向上摺，本體的底側朝上，摺疊左右的縫份。
底
↓
⑤以包邊布包捲縫份，於①的針腳上進行車縫。
底

5

本體（正面）
後
脇邊
前

①以斜布條包夾縫份，進行裝飾縫。

②止縫端摺入1cm。
1.6
本體
脇邊（正面）
③與始縫端重疊0.7cm。

後背包

▶使用紙型（A面）
本體　內口袋

● 完成尺寸
高32cm　包口寬27cm　側身寬8cm

材料

軟丹寧　素色…65×80cm
（表本體、短提把、背帶）
木棉　圖案布…70×75cm
（裡本體、內口袋）
麻織帶　茶色…寬2.5cm　60cm
（包口加強布）
中厚接著襯（織布材質）…2×13cm
薄手接著襯（織布材質）…6×80cm

作法

＊握把與背帶參見裁布圖直接裁布。

①　車縫表袋。

②　車縫底側身。

③　製作裡袋。

④　製作短提把。

⑤　製作背帶。

⑥　疊合表袋與裡袋，暫時車縫固定背帶與短提把。

⑦　縫上包口加強布。

⑧　接縫握把與背帶。

裁布圖

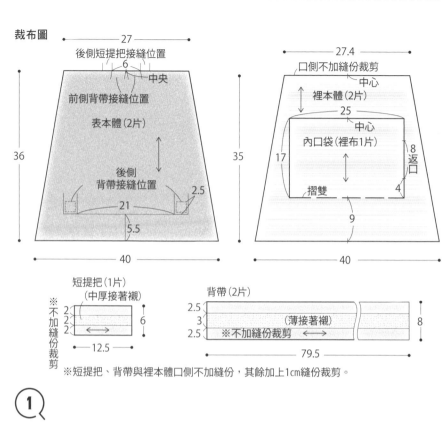

※短提把、背帶與裡本體口側不加縫份，其餘加上1cm縫份裁剪。

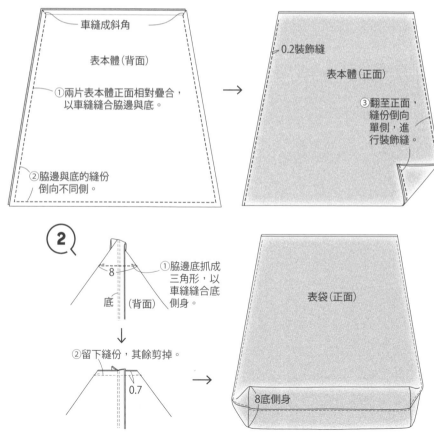

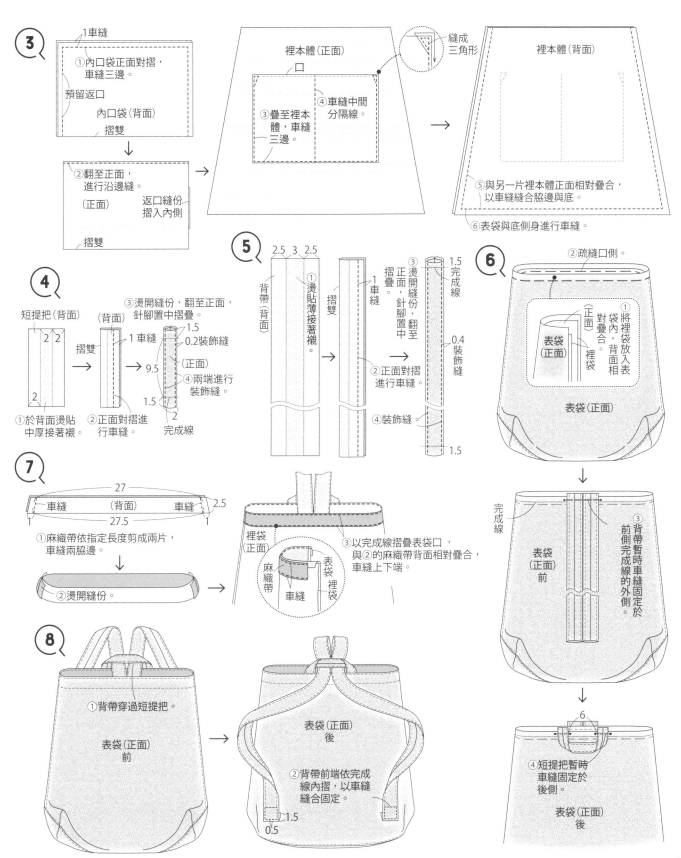

③

① 內口袋正面對摺，車縫三邊。

1車縫

預留返口

內口袋(背面)

摺雙

② 翻至正面，進行沿邊縫。

(正面)

返口縫份摺入內側

摺雙

裡本體(正面)

口

③ 疊至裡本體，車縫三邊。

④ 車縫中間分隔線。

縫成三角形

裡本體(背面)

⑤ 與另一片裡本體正面相對疊合，以車縫縫合脇邊與底。

⑥ 表袋與底側身進行車縫。

④

短提把(背面)

2 2 2

摺雙

2

① 於背面燙貼中厚接著襯。

(背面)

1車縫

② 正面對摺進行車縫。

③ 燙開縫份，翻至正面，針腳置中摺疊。

1.5
0.2裝飾縫

(正面)

9.5

④ 兩端進行裝飾縫。

1.5

2
完成線

⑤

2.5 3 2.5

背帶(背面)

摺雙

① 燙貼薄接著襯。

1車縫

② 正面對摺進行車縫。

③ 燙開縫份，翻至正面，針腳置中摺疊。

1.5
完成線

0.4
裝飾縫

④ 裝飾縫。

1.5

⑥

② 疏縫口側。

① 將裡袋放入表袋內，背面相對疊合。

表袋(正面)

裡袋

表袋(正面)

完成線

表袋(正面)前

③ 背帶暫時車縫固定於前側完成線的外側。

6

④ 短提把暫時車縫固定於後側。

表袋(正面)後

⑦

27

車縫 (背面) 車縫 2.5

27.5 1

① 麻織帶依指定長度剪成兩片，車縫兩脇邊。

② 燙開縫份。

裡袋(正面)

麻織帶

車縫

③ 以完成線摺疊表袋口，與②的麻織帶背面相對疊合，車縫上下端。

表袋裡袋

⑧

① 背帶穿過短提把。

表袋(正面)前

表袋(正面)後

② 背帶前端依完成線內摺，以車縫縫合固定。

1.5

0.5

口金小肩包

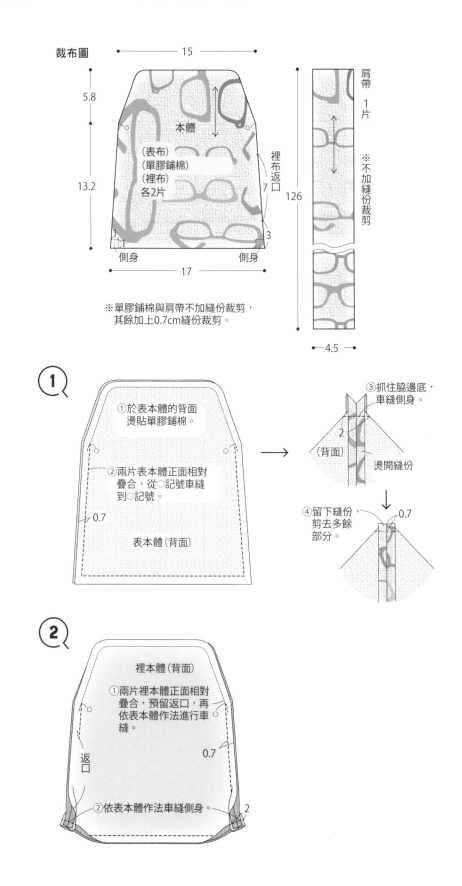

▶使用紙型（D面）
本體

● 完成尺寸
高17cm（不含口金珠頭） 寬15cm
側身寬2cm

材料

厚木棉　圖案布…25×126cm
　（表本體、肩帶）
木棉　圖案布…40×21cm（裡本體）
單膠鋪棉…38×20cm
口金（圓角車縫型・附珠頭）
黑鎳色…寬12cm　高5.5cm
　（不含珠頭）　1個

作法

＊肩帶參見裁布圖直接裁布。

① 製作表本體。

② 製作裡本體。

③ 表本體與裡本體正面相對疊合進行車縫。

④ 本體安裝口金。

⑤ 製作肩帶並接縫。

裁布圖

15

5.8

本體

13.2

（表布）
（單膠鋪棉）
（裡布）
各2片

裡布返口

7

1
1

3

側身

側身

17

※單膠鋪棉與肩帶不加縫份裁剪，
　其餘加上0.7cm縫份裁剪。

肩帶　1片
※不加縫份裁剪

126

4.5

①
①於表本體的背面燙貼單膠鋪棉。
②兩片表本體正面相對疊合，從○記號車縫到○記號。
表本體（背面）
0.7

③抓住脇邊底，車縫側身。
2
（背面）
燙開縫份
④留下縫份，剪去多餘部分。
0.7

②
裡本體（背面）
①兩片裡本體正面相對疊合，預留返口，再依表本體作法進行車縫。
返口
0.7
②依表本體作法車縫側身。
2

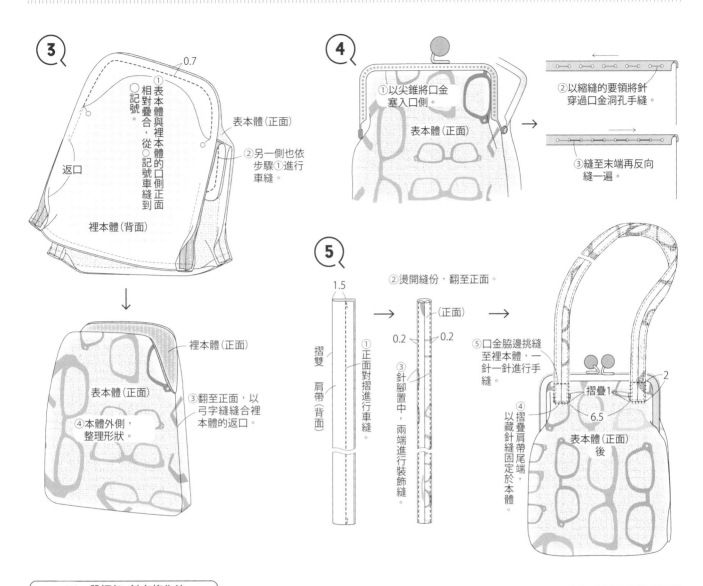

③ 0.7
① 表本體與裡本體的口側正面相對疊合,從○記號車縫到○記號。
表本體(正面)
② 另一側也依步驟①進行車縫。
返口
裡本體(背面)

④ 以尖錐將口金塞入口側。
表本體(正面)

② 以縮縫的要領將針穿過口金洞孔手縫。
③ 縫至末端再反向縫一遍。

裡本體(正面)
表本體(正面)
③ 翻至正面,以弓字縫縫合裡本體的返口。
④ 本體外側,整理形狀。

⑤ 1.5
摺雙
肩帶(背面)
① 正面對摺進行車縫。

② 燙開縫份,翻至正面。
(正面)
0.2 0.2
③ 針腳置中,兩端進行裝飾縫。

⑤ 口金脇邊挑縫至裡本體,一針一針進行手縫。
④ 摺疊肩帶尾端,以藏針縫縫固定於本體。
摺疊1
2
6.5
表本體(正面)後

p.86 單柄包 斜布條作法

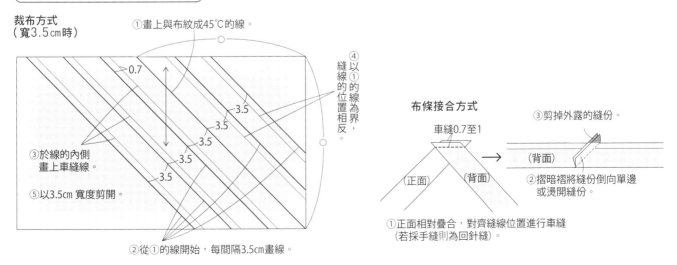

裁布方式
(寬3.5cm時)

① 畫上與布紋成45℃的線。
0.7
3.5
3.5
3.5
3.5
3.5
④ 以①的線為界,縫線的位置相反。
③ 於線的內側畫上車縫線。
⑤ 以3.5cm寬度剪開。
② 從①的線開始,每間隔3.5cm畫線。

布條接合方式
車縫0.7至1
③ 剪掉外露的縫份。
(背面)
② 摺暗褶將縫份倒向單邊或燙開縫份。
(正面) (背面)
① 正面相對疊合,對齊縫線位置進行車縫(若採手縫則為回針縫)。

國家圖書館出版品預行編目資料

斉藤謠子の質感日常自然風手作服＆實用布包 / 斉藤謠子
著；瞿中蓮譯 . -- 初版 . -- 新北市：雅書堂文化，2019.11
面；　公分 . -- (拼布美學；43)
譯自：斉藤謠子のいつも心地のよい服とバッグ
ISBN 978-986-302-514-6(平裝)

1. 縫紉 2. 衣飾 3. 手提袋 4. 手工藝

426.3　　　　　　　　　　　　108016006

斉藤謠子
さいとう・ようこ

拼布作家＆布作家。在學習洋裁與和裁之後，因為對美國的古董拼布產生興趣，開啟了拼布創作之路。以NHK「すてきにハンドメイド」為主，經常於電視與雜誌等發表作品，也擔任補習班與函授課程講師，並於海外舉行作品展與演講等，活躍於各領域。著作繁多，部分繁體中文版由雅書堂文化出版。

PATCHWORK 拼布美學　43

斉藤謠子の質感日常
自然風手作服＆實用布包

作　　者／斉藤謠子
譯　　者／瞿中蓮
發 行 人／詹慶和
總 編 輯／蔡麗玲
執行編輯／黃璟安
編　　輯／蔡毓玲・劉蕙寧・陳姿伶・陳昕儀
執行美編／陳麗娜
美術設計／周盈汝・韓欣恬
紙型排版／造極
出 版 者／雅書堂文化事業有限公司
發 行 者／雅書堂文化事業有限公司
郵政劃撥帳號／18225950
戶　　名／雅書堂文化事業有限公司
地　　址／新北市板橋區板新路206號3樓
電　　話／(02)8952-4078
傳　　真／(02)8952-4084
網　　址／www.elegantbooks.com.tw
電子信箱／elegant.books@msa.hinet.net

2019年11月初版一刷　定價580元

SAITO YOKO NO ITSUMO KOKOCHI NO YOI FUKU TO BAG Copyright ©
Yoko Saito
2019 All rights reserved.
Original Japanese edition published by NHK Publishing,Inc.
Chinese(in complex character) translation rights arranged with NHK
Publishing,Inc.,Tokyo
through Keio Cultural Enterprise Co., Ltd.

經銷／易可數位行銷股份有限公司
地址／新北市新店區寶橋路235巷6弄3號5樓
電話／(02)8911-0825
傳真／(02)8911-0801

斉藤謠子Quilt school&shop
Quilt party（株）
http://www.quilt.co.jp

原書製作團隊

書籍設計	蓮尾真沙子（tri）
攝影	白井由香里（內頁）、下瀨成美（作法）
造型	池水陽子
模特兒	橫田美憧
妝髮	AKI
作法解說	奧田千香美、小島惠子、百目鬼尚子
作法繪圖	tinyeggs studio（大森裕美子）
紙型	小島惠子、株式會社トワル
校對	山內寬子
編輯	近藤美幸、山口ゆり（NHK出版）
製作協力	山田數子
攝影協力	AWABEES

斉藤謠子の質感日常

自然風手作服&
實用布包

斉藤謠子の質感日常

自然風手作服&
實用布包